U0159547

社区"微改造"规划指南

——基于全生命周期理念的
武汉探索与实践

黄经南　汪　勰　等著

中国建筑工业出版社

图书在版编目（CIP）数据

社区"微改造"规划指南：基于全生命周期理念的武汉探索与实践／黄经南等著. —北京：中国建筑工业出版社，2023.10

ISBN 978-7-112-29055-0

Ⅰ.①社… Ⅱ.①黄… Ⅲ.①社区—旧城改造—武汉—指南 Ⅳ.①TU984.263.1-62

中国国家版本馆CIP数据核字（2023）第155799号

责任编辑：焦 扬
书籍设计：锋尚设计
责任校对：姜小莲
校对整理：李辰馨

社区"微改造"规划指南——基于全生命周期理念的武汉探索与实践
黄经南 汪 勰 等著

＊

中国建筑工业出版社出版、发行（北京海淀三里河路9号）
各地新华书店、建筑书店经销
北京锋尚制版有限公司制版
临西县阅读时光印刷有限公司印刷

＊

开本：787毫米×1092毫米 1/16 印张：11¾ 字数：168千字
2023年9月第一版 2023年9月第一次印刷
定价：145.00元
ISBN 978-7-112-29055-0
（41749）

内容提要

　　随着我国城市发展由"增量"转为"存量"，老旧社区改造也成为城乡规划与建设领域的重要任务之一。但在实践中，产权利益、资金来源、多方管理等问题普遍存在，导致很多规划难以启动实施，学术界对此也多有讨论。本书聚焦于老旧社区改造的可实施性，以不破坏社区原生态、局部性的社区"微改造"规划为主体，将国内外社区理论研究、社区规划发展与实践案例作为前期基础，详细介绍将全生命周期理念融入社区"微改造"规划的武汉经验，阐述了武汉市社区"微改造"共筑平台的工作组织流程，并提供精选实践案例辅助理解。最后，通过制定武汉市社区"微改造"规划导则的形式，对全生命周期的具体规划环节和内容进行系统的规范与引导，尝试为武汉市乃至我国社区"微改造"规划的实施提供有益借鉴。本书不仅对涉及老旧社区改造的各利益相关方，如政府、社区、企业、居民、规划师等，具有参考价值，对关注老旧社区改造、城市更新等议题的城乡规划专业的师生也具有很好的启示意义。

编委会

社区微改造不仅是建设问题，
更是治理问题

　　我国从第一个五年计划就开始了大规模的城市建设。当时，国家作为投资建设的主体，建成了生产生活空间一体化的"单位制"社区。国家的企事业单位既是生产空间的建设主体，又是生活空间的管理主体。建设管理主体的单一，使得当时单位制的建设成为国家社会经济发展的重要空间单元。

　　1978年之后，城市发展进入新城新区建设的快速发展阶段。在改革开放后的四十余年间，中国的城镇化水平从1978年的不到18%迅速提高到2022年的65%左右，城市数量从220个左右增长到691个，小城镇从三百多个增加到两万多个（七普数据）。经济特区、经济技术开发区、高新技术开发区和新城新区蓬勃发展。据统计，2000年以来中国共成立了1104个新区。2010年以来中国新成立的城市新区，总数多于2010年之前30年成立的新区数量之和。

　　在耕地保护和人口增长放缓的条件下，我国城市建设在2010年代后进入存量发展阶段，城市建设管理面对的是多元化的产权主体，不再是在"一张白纸上画画"。从增量开发到存量更新，城市发展的逻辑已经发生转变，城市规划也从以新城新区开发为特征的大尺度规划，转向以"微改造"为特征的社区规划。社区"微改造"不是一个单纯的建设问题，而是一个基于社会治理的建设问题，面临的问题完全不同于新城新区建设时期。

1. 使用权的复杂性导致高交易成本

在福利房商品化和住宅商品化后，国家对住房使用权的重视和个人财产的住宅化，使得每个房屋产权人都成为老旧社区改造的主体。任何一项改造都涉及众多的使用权人，交易成本提高，达成共识的难度也大大增加。例如在老城区，一栋房子可能存在八种产权类型：私宅、单位房、代管房、直管公房、经租房、公私混合房、华侨房、私私共有房。面对使用权空间的破碎导致的高交易成本，微改造的切入点往往是使用权相对简单的公共空间。

2. 复杂的契约关系导致难以形成集体行动

城市建设存在大规模的不可分割性。对于新建小区来说，居委会、业委会、物业三驾马车职责十分清晰；但老旧小区普遍缺乏清晰的公共事务管理合约，未明确公共产品的供给方，往往导致公共设施供给水平的下降。另一方面，随着居住质量的下降，老旧小区人口老龄化严重，房屋出租现象普遍。除原住民之外，老旧小区很多是被外来务工人员租住，人员混杂，流动性大。很多居住人不是房屋所有人，造成复杂的私人与私人、私人与建设者或管理者的契约关系，没有办法构成有效的集体行动。

3. 政府和企业的边界难以把握

社区"微改造"资金大量来自政府投入。由于小区建造年代久远，整治改造需要大量资金，如果没有政府财政资金扶持，很难依靠自身的力量完成整治和改造。政府投资如果不到位，改造就往往无法顺利推进，该有的公共服务设施无法落地，居民利益受损。而如果政府一味兜底，政府财政难以支撑，无法形成可持续发展的力量。如果房地产企业过多介入，逐利的开发行为将会充斥在社区改造过程中，难以保证公共服务设施和原居民的利益，不可避免出现1990年代的旧城改造乱象。

社区"微改造"需要一个新的工作和建设模式，核心在于构建共识。有了共识，才会有有效的建设行为。社区的公共性得以发挥出来，政府财政才有了支持的充分理由。值得重视的是共识的形成，是一个社会治理的过程而不仅仅是一个建设过程。社区是社会治理的基层单位。面对多样化房屋产权人和复杂的产权契约关系，政府与产权人之间、产权人与产权人之间的协商，以及通过协商形成的组织过程，就是基层社会治理的重要内容。社会治理实际上是贯穿于老旧小区改造全过程的，切不可以把社区改造视为一个"见物不见人"的、冰冷和冷漠的水泥工程，这一点和以新城新区为主的增量城市建设有很大的不同。2019年住房城乡建设部提出在老旧小区改造过程中推动"美好环境与幸福生活共同缔造"，就是把社会治理嵌入老旧小区物质空间改造的过程。在党和政府的领导下，通过多方参与、动员群众，实现对美好人居环境的共建共治共享。

"美好环境与幸福生活共同缔造"是从"问题"入手，"共谋"和协商形成改造内容、顺序和资金的来源，这是达成共识的基础。问题的解决也是遵循先易后难的原则。公共空间和房前屋后是解决问题的载体，通过公共空间重构社会关系，通过社会关系再建美好生活空间。通过公共空间的公共性和房前屋后的半公共性促成"共建"的行为。在这个基础上实现私人空间的公私合作共同改造。最后是实现居民对公共空间和环境"共享"的格局。

武汉市以问题为导向，在全市层面搭建了社区"微改造"的共筑平台，作为自上而下和自下而上两种力量的衔接点，市区联合审查，各区将"微改造"经费纳入区城建计划，推动了戈甲营、循礼等老旧社区的改造实施，借助长江日报、众规武汉等多家媒体宣传推广、凝聚共识，让更多社区、更多居民参与社区改造工作。这为将来新一轮周期的社区"微改造"提供了经验与思路。

中山大学中国区域协调发展与乡村建设研究院　院长

中山大学地理科学与规划学院　教授　博士生导师

李郇

2023年5月

前言

　　社区是社会肌体中最活跃的"细胞"，其本质应是以人为本，社区自治。但长期以来，社区面临着过度商业化、碎片化、标准化的普遍问题。在社区规划与改造的工作中，也面临着产权复杂、利益多元、资金不足等系统阻碍。

　　在社区和社区规划所面临的问题愈发显著以及城市进入存量发展的宏观背景下，2017年6月，《中共中央 国务院关于加强和完善城乡社区治理的意见》发布，提出要"组织开展城乡社区规划编制试点"。武汉市作为中部六省唯一的特大城市，城区发展和建设很不平衡，既有设施齐全、充满活力的新区域，又有配套老化、拥挤逼仄的老城区。面对群众不断提高的美好生活需要，如何因地制宜，发挥老城区的优势，不断满足群众多元化需求，有效提升城区环境质量、人民生活品质和区域发展竞争力，是武汉市城市建设发展亟待破解的难题。在这一现实背景下，武汉市自然资源和规划局以武昌区为先行试点，动员高校、设计机构、居民等多方力量，陆续开展社区"微改造"规划的试点工作。

　　本书在浅析社区规划与改造的发展历程、不足与挑战的基础上，以国内外社区规划的相关理论与案例研究为支撑，以武汉在社区"微改造"规划上的探索和实践内容为主体，形成将全生命周期理念融入社区"微改造"规划的武汉经验。

　　自开展社区"微改造"规划试点工作以来，武汉市在梳理近代以来社区发展脉络的基础上，以抽样评估的方法，总结老旧社区的现状特征为"老""堵""少""密"，并从服务体系、建设模式、空间布局、实施机制四个方面，以问题为导向确定社区"微改造"的核心目标。

结合全生命周期理念旨在强调规划、建设和管理整体性的核心，社区"微改造"规划以"全主体参与""全进程互动""全要素提升"为要点，聚焦于社区空间规划与治理，围绕搭建公众参与平台、社区需求调研、培育社区组织等工作内容展开实践。戈甲营是武汉市首个试点社区，在物质空间规划与社区治理方面形成了一系列的项目经验，如出台了"以奖代补""社区业态准入机制"等相关政策，成立了戈甲营社区理事会和戈甲营产业运营公司，实现了自我经营、自我管理的"自我造血"模式，对之后的试点社区"微改造"规划（如劝业场社区、青翠苑社区、循礼社区）的顺利开展具有奠基意义。

综合社区"微改造"规划试点工作，研究制定了《武汉市社区"微改造"规划导则》（相关内容见本书第6章，简称《导则》）。《导则》依据马斯洛需求层次理论，提出由宜居、宜行、宜游、宜享、宜业构成的社区"微改造"螺旋式阶段提升模式，分要素建立社区"微改造"的规划准则和技术引导，为居民提供安全舒适的住宅、绿色便捷的交通、丰富开放的公共空间、健康完善的服务设施和活力多元的社区产业。

《导则》的制定对武汉市建成区范围内的社区"微改造"项目具有指导意义。在遵循各专项相关规划法规要求的基础上，宜参照《导则》，遵从全面、协调和可持续发展的原则，推进社区"微改造"项目的组织、规划、建设和管理。

本书的出版，意在能够将武汉市基于全生命周期理念的社区"微改造"规划的工作思路和经验与全国同行分享，并共同推动我国社区规划的探索和社区治理的完善。撰写不当或疏漏之处，敬请读者谅解。

目录

中篇 **聚焦武汉探索**

上篇

一览社区概貌

第1章

绪论

1.1　背景解读

1.1.1　存量视角下的城市更新

党的十八大以来，我国的各项事业取得了全方位、开创性的成就，发生了深层次、根本性的变革，进入了中国特色社会主义发展的"新时代"。在人居环境领域，一方面，建设取得了巨大成就，基本实现了"居者有其屋"的世代梦想；另一方面，广大人民群众也提出了更高、更新的要求，这其中就包括高质量的城市空间品质——这也是"以人为本"发展观的具体体现。

2013年中央城镇化工作会议的召开，标志着我国城镇化进入了以提升质量为主的转型发展阶段，即新型城镇化阶段。城市的开发与建设逐渐从"增量开发"向"存量更新"转变[1]，从关注新城区的重大产业项目向关注老旧小区改造等民生问题、更加注重提升市民的获得感、安全感、幸福感转变。这种转变与我国社会经济逐渐步入高质量发展阶段相适应，也与人口城镇化进入中后期、土地资源紧缺、保护历史和文化的需求相关联。这种转变也因此促使我国城市发展的重点转向重塑城市形象和提升人居环境的新阶段，即城市更新阶段[2]。近年来，我国城市更新已经逐渐全面展开，尤其是发达地区，如上海、深圳、广州、南京、北京等。参考发达国家的经验，当人均GDP超过10000美元并且城镇化率接近70%[3]时（也就是城镇化进程S曲线的平稳阶段），以社区营造为核心的旧城更新将成为城市规划和建设的重点。对比我国目前的社会经济发展水平——2022年人均GDP为1.27万美元①，城镇化率为65.22%②（考虑到户籍管理制度和统计口径，部分学者认为我国的城镇化水平实际上已接近70%），可以判断，老旧社区的更新改造也必将成为我国下一阶段城市规划建设的主要内容之一。

探索新时期我国老旧社区的更新模式，因此成为学界、业界的热门议题。作为我国城乡规划理论研究与实践的重镇，近年来，武汉市在老旧社区改造方面也进行了不少成功的探索。总结武汉经验，并与全国的同行共飨，即是本书的出发点。本书因此分为上、中、下三篇，共七章（图1-1）。

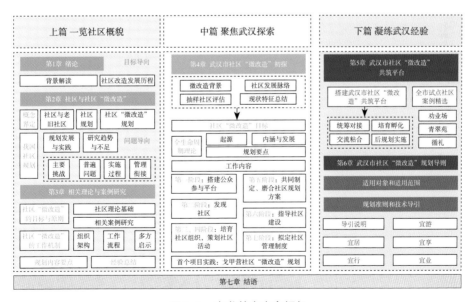

图 1-1　本书基本内容框架

上篇即一览社区概貌,在开篇章节以社区与老旧社区基本概念、理念的解读以及我国社区规划相关发展与实践作为铺垫,分析并总结当前城市更新背景下社区"微改造"所面临的机遇与挑战,并有针对性地解读国内外相关案例,通过目标导向与问题导向共同奠定社区"微改造"规划的理论基础。

中篇是本书的主体,即聚焦武汉探索,在理论研究的前提下,联系实际,通过梳理武汉市老旧社区发展脉络对武汉市老旧社区进行分类并分视角评估现状特征,提出社区"微改造"的规划目标;针对目标引入全生命周期理论,提出基于社区全生命周期七个阶段的具体工作内容,并通过项目的实际应用,进一步阐释并验证全生命周期理论方法的可行性。

下篇即凝练武汉经验,是对前面两篇我国以及武汉社区"微改造"规划相关探索与实践的经验总结和方法指导,是读者使用本指南的重点参考对象。为了更全面提供参考价值,首先构建武汉市社区"微改造"共筑平台,介绍基于平台的工作组织流程,提供精选实践案例辅助理解;并在此基础上通过制定武汉市社区"微改造"规划导则的形式,对全生命周期的具体规划内容进行系统的规范与引导,尝试为武汉市乃至我国社区"微改造"规划的实施与发展提供有益借鉴。

1.1.2 人民城市理论

城市是人类社会活动的主要空间载体,满足人的全面发展需求是城市功能完善的根本出发点。"城市是人民的,城市建设要坚持以人民为中心的发展理念,让群众过得更幸福"[③]。构建"人民城市"因此成为社会学、规划学、设计学等多个领域共同追求的目标。

"人民城市"的价值体系可以用"五'生'共同体"来概括,即"安全韧性"的生存共同体——建设更健康韧性的城市,为人民提供安全保障;"安居乐业"的生活共同体——关注人的现实生活需求,通过更好的城市服务提升宜居水平；"多元包容"的生机共同体——城市是为每一个人服务的，无论是弱势群体还是强势群体，都在被服务的范围内；"迭代进化"的生态共同体——城市是人为建造的，但也处于自然之中，保护生态环境、生物多样性与生活方式是人类生存的前提；"传承不息"的生命共同体——城市是一个有机体，文化传承是城市生命的灵魂。④

1.2 社区改造发展历程解读

1.2.1 从社区建设到社区治理

社区是构成城市生命体的"细胞"，也是城市治理的基本单元。从计划经济时期到中国特色的市场经济时期，我国的社区相关政策逐步从社区建设过渡到社区治理。这一过程大致可以分为三个阶段。第一阶段是计划经济时期，即1980年代中期我国开始提出社区建设的相关政策。民政部发起"社区服务"运动，重点以"街—居"体系为主体，以社区福利为主要内容，奠定了社区建设的基础。第二阶段是市场经济时期，即1990年代中期我国从中央到基层逐步启动"社区建设"战略，推进了向社区治理转变的进程。第三阶段是指党的十八大以来，《中共中央 国务院关于加强和完善城乡社区治理的意见》提出明确的城乡社区治理目标，并将社区治理体制转型提升到了为国家治理体系和治理能力现代化奠定基础的高度（图1-2）。

1.2.2 从试点城市到全面推广

社区改造从中央的试点部署开始展开，依据各地相关政策文件中的要求，社区改造覆盖面逐步扩大。2017年12月1日，住房和城乡建设部在厦门

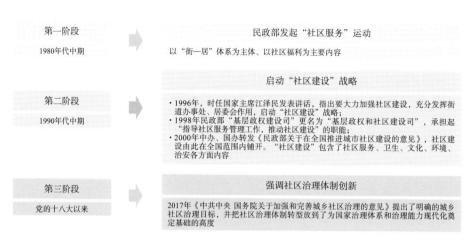

图1-2 社区治理政策发展历程

召开老旧小区改造试点工作座谈会，提出在15座城市⑤开展老旧小区改造试点，以探索城市老旧小区改造新模式，为推进全国老旧小区改造提供经验。

1.2.3 从地方行动到全国高度

自2012年以来，老旧小区改造工作陆续在成都、厦门、北京、上海、深圳等地开展探索与实践。至2018年12月，试点城市共改造老旧小区106个，惠及5.9万户居民。而在全国范围内已经形成了一批可复制、可推广的社区改造及建设成功案例，包括北京的"清河实验室"、上海的"美丽家园"、广州的"老广州、新社区"等。2019年6月国务院常务会议部署推进城镇老旧小区改造，标志着该项工作已经从地方行动上升到国家高度，老旧小区改造在全国全面铺开（图1-3）。

1.2.4 从政府主导到政府引导、多方参与

我国的老旧社区改造传统上多采取自上而下的模式，主要依赖行政力量来推动实施。2019年7月1日，国务院召开的城镇老旧小区改造工作吹风会上

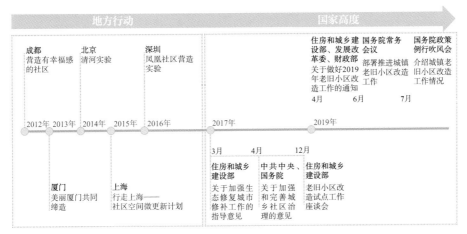

图1-3 地方行动—国家高度工作部署

提出了老旧小区改造的工作重点，强调要按照"业主主体、社区主导、政府引领、各方支持"的原则，在城镇老旧小区改造中积极开展"美好环境与幸福生活共同缔造"活动，加强政府引导和统筹协调，动员群众广泛参与，保证改造工作顺利推进、确保改造取得预期效果。由此，政府的角色逐步由"主导"转化为"引导"，多方参与、共同缔造的工作机制在社区改造工作中逐步建立与完善。

1.2.5 从粗放改造到细化分类"微改造"

当前，城市更新模式逐渐从粗放的"大拆大建"向"绣花式"的"微改造"转变。住房和城乡建设部在关于老旧小区改造模式方面也强调，摸清当地城镇老旧小区的类型、居民改造愿望等需求，在此基础上明确城镇老旧小区改造的标准和对象范围。中央层面要做好政策的顶层设计，以及确定改造范围的原则，各地要因地制宜，制定具体规定。对改造内容，目前初步分成三类：第一类是保基本的配套设施，如水、电、气、路等市政基础设施的维修完善，垃圾分类设施的配套和加装电梯等；第二类是提升类的基础设施，包括公共活动场地，有条件的地方配建停车场、活动室、物业用房等；第三类是完善公共服务类，包括完善社区的养老、抚幼、文化、医疗、助餐、家政、快递、便民、便利店等设施。从保基本开始，根据需要逐步提升和完善。考虑到地区差异比较大，各省级行政区可以在此基础上根据实际情况和所在城市的需求来制定城市或者社区改造的内容清单。

第2章

社区与社区"微改造"

2.1　社区与老旧社区

2.1.1　社区

社区一直是一个复杂的概念。根据学界、业界、政（府）界理论以及具体实践，当前"社区"的定义主要有以下两类。

（1）最常用的社会学的"社区"概念。它至少包括以下特征：有一定的地理区域，有一定数量的人口，居民之间有共同的意识和利益，并有着较密切的社会交往。社区与一般的社会群体不同，一般的社会群体通常都不以一定的地域为特征。[⑥]

（2）行政管理单元。2000年年底，中共中央、国务院转发民政部发布的23号文件——《民政部关于在全国推进城市社区建设的意见》，明确将城市基层社区定位在"社区居民委员会"，并提出目前城市社区的范围一般是指经过社区体制改革后作了规模调整的居民委员会辖区。因此，在我国的行政管理体制中，社区还可以指代最低一级的管理单元。

本书所称的"社区"在概念及研究内容上与传统定义或行政定义存在一定

程度的差异，其更侧重其中人与环境关系的互动，指建立在地域基础上的、处于社会交往中的具有共同利益和认同感的社会群体，即人类生活共同体所栖息的物质和社会环境。它是以居住为中心的生活、经济和公共活动的环境整体，人群、地域、设施、管理、文化和认同等构成这一"社区"概念的基本要素。

2.1.2 老旧社区

老旧社区是指建成时间较长、建成环境条件较差、配套设施不全或破损严重、管理服务机制不健全的社区。在我国，老旧社区多数情况下是指1990年代初房地产开发热潮以后，在城市中形成的建成年代接近30年，建筑破旧、基础设施老化、公共空间缺乏，功能结构和环境都已经无法满足居民高品质生活需求的小区（有些地区还包括改革开放以后建设的单元房，以及更早的传统居住单元）。老旧社区的形成始终伴随着我国传统单位制的渐趋解体、住房商品化改革以及大规模的快速城镇化进程。

2.2 社区规划

2.2.1 概念

社区规划也称社区发展规划或社区设计，是以社区为单位的规划，是对社区建设的整体部署与设计。与较宏观的区域规划、城市总体规划和城市分区规划相比，社区规划要求对社区内的问题进行深入分析，涉及社会学、人类学、人口学等多领域的理论与方法。与其层次比较接近的居住区规划相比，社区规划要求更广泛地考虑社区的全面发展。

西方国家的社区规划经历了近百年的发展，强调通过创造或者保护社区来改善缺乏人性关怀和社会交往的生活弊端，并且形成了一套系统的理论体系。西方国家的社区规划不仅关注基层社区的综合型规划，同时规划也基于广义的社区概念，表达的是一种规划体系，其核心是寻求社区的真实需求。

2.2.2 内容

社区规划的内容一般可以分为四个方面。

（1）社区现状分析：社区分析一般从空间环境入手，将经济、人口、教科文、社会生活等各种数据，按指标法进行分类测评，并对测评结果进行可比性分析，从而获得对社区发展阶段、水平和社区发展要素的科学认识。

（2）社区建设的总体目标规划：社区发展目标具有全面性、长期性和概括性，其确定主要基于对社区现状的科学分析和社区发展趋势的科学预测。

（3）社区建设各主要部分的规划：社区规划的主体部分，主要包括人口、经济、教科文、保障和服务、环境、生活质量、共同意识以及要素整合等诸多方面。

（4）社区建设的发展条件与支持保障系统：社区规划的支持和保障系统，是整个社区规划得以实施和实现的切实保证[⑦]。

2.2.3 当前我国社区规划的转型

1. 从"自上而下"转向"上下结合"

当前，社区规划并不是我国的法定规划。但作为城市规划的有机组成部分，开展、完善其编制和审批程序，并通过立法手段明确其在城市规划体系中的法定地位刻不容缓。使社区规划体系取代原有的居住区规划体系，将规划视野由物质层更多地转向社会层，促使城市规划从"自上而下"的传统模式向"上下结合"的模式转变，应当成为我国当前城乡规划转型的一个重要方面[4]。

2. 由"终极蓝图"转向"滚动型"规划

社区规划不存在终极蓝图，社区发展也不完全受规划控制。为了使社区规划在一个较长的时间内保持其有效性，定期对规划进行再审视和修订是十分必要的。规划师必须始终保持与社区的规划、建设、实施紧密联系，实现由"终极蓝图"向"滚动型"规划的转变。

2.3 我国社区规划的发展与实践

2.3.1 计划经济时期（1950—1970年代）

由于我国的城市居住社区在产生和发育初始就带有特定的社会制度的烙印，计划经济体制下的社区与整个社会间的维系必须以单位为媒介，单位在很长一段时间内承担着经济与社会的双重职能。社区带有明显的单位属性，处于"亚社区"状态，其社区功能是所属单位高度行政化功能的延伸，社区成员的自我发展和人际交往一直局限于单位内部、同事之间，自治意识和参与意识的培育受到客观条件的制约。在计划经济体制下，国家和政府的调控占绝对主导地位，市场与民间力量几乎没有发挥作用，社区缺乏应有的社会基础和相应的体制支撑，社区规划只能停留在理论研究阶段。因而城市规划中对社区规划的实践一直大体停留在注重物质环境建设的住区规划阶段。

2.3.2 计划经济逐步向市场经济过渡时期（1970年代末—1990年代初）

1980年代初，由于改革开放及计划经济体制的松动，市场机制作用下，很多国有和集体单位面临外企与私企的竞争，效益不断下降，"企业办社会"难以为继，因而改革势在必行。与此同时，在计划经济下形成的"单位制"及社会成员的"单位人"属性也随之发生了深刻的变化。由于原先由政府及国有企业所承担的大量社会职能被分离出来,并向社区转移,因而职工及其家属也相应从"单位人"逐步转变为"社会人"。

1984年民政部门提出"社会福利社会办",1987年借助"社区服务"的普及,"社区"的概念被官方及民间所广泛接受,逐步成为城乡基层管理单元的名称,且与一定的地域辖区及组织相联系。一方面,社区成为行政管理辐射基层的基本单元。城区范围内社区单元的无缝划分,确保了政府管理和服务面向基层的传递和全覆盖。另一方面,社区还是社会个体和组织实现自我管理和服务的基础平台。

1989年颁布的《中华人民共和国城市居民委员会组织法》提出:"居民委员会是居民自我管理、自我教育、自我服务的基层群众性自治组织……居民委员会主任、副主任和委员,由本居住地区全体有选举权的居民或者由每户派代表选举产生。"明确了社区居民委员会(简称"居委会")作为自治组织的存在基础。

但事实是,当前我国城市社区的行政属性很大程度上超过了自治属性的表征。根据《中华人民共和国城市居民委员会组织法》,居委会委员由5~9人组成,一般在100~700户的范围内设立。而实际的社区住户规模却远远超出这个数。以北京为例,位于首都功能核心区的东城区平均每个社区常住人口近0.5万人,位于城市功能拓展区的朝阳区更是达到平均每个社区常住人口近1万人。

2.3.3 市场经济时期(1990年代中后期至今)

我国从传统的"乡土中国",经历了"单位中国",正走向"社区中国"。国家与个体之间的关键纽带从早期农业社会的"村落/家族",转变为计划经济体制下的"单位/公社",进而随着单位制的解体,社区成为连接上层政权与基层社会的重要平台。

20世纪末,住区的建设或更新完善仍是建立在开发主体利益最大化基础上的，表现在城市规划中就是仍然没有完整意义上的社区规划。

21世纪以来，随着"公民社会""和谐社会"等理念的提出，民生问题和社区民主自治得到高度重视，与之紧密相关的真正意义上的社区规划也开始逐步开展。社区建设于1991年被首次提出，1993年社区建设被正式纳入民政部的工作范围。1997年，经过住房政策改革，社区居住模式由"单位邻里"向"社会邻里"转变，2012年随着党的十八大的召开和社区治理概念的提出，社区规划正向城乡社区治理融合逐步推进。2019年民政部设立基层政权和社区建设司，进一步推动了社区建设的发展。截至目前，老旧社区更新周期来临，国内社区实践也从最开始的"城中村"改造、"三旧"改造逐渐过渡覆盖到更广泛的棚户区以及老旧小区改造，即将面临新一轮的社区"微改造"规划（图2-1）。

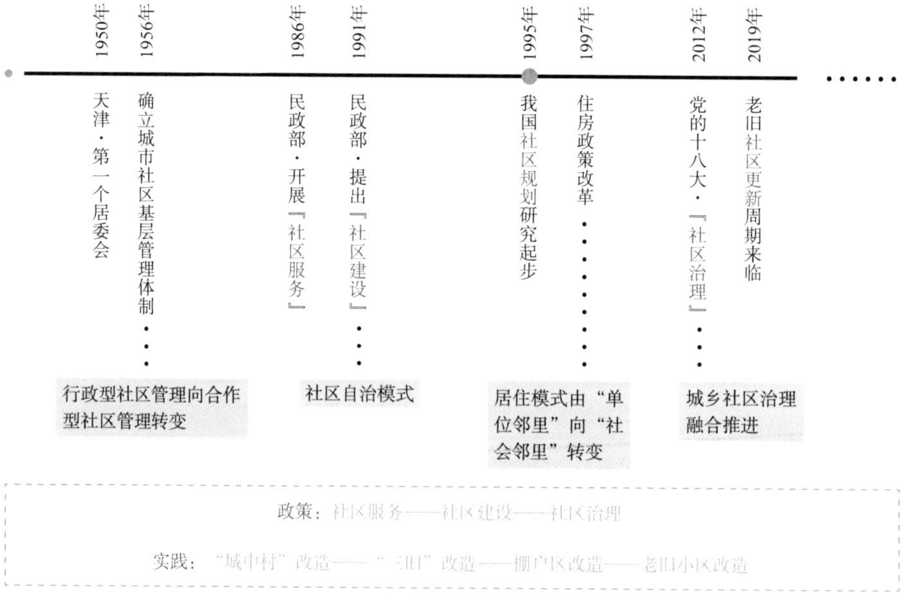

图 2-1 我国社区规划实践过程

2.4 我国社区规划研究的趋势与不足

2.4.1 研究趋势

20世纪以来，社区研究沿着两条非常清晰的脉络发展：一是随着社会学学科的分化，社区研究越来越专业化，形成了不同的社区理论，如以帕克为代表的学者提出的人文区位、社区行动等理论；二是社区理论研究与社区规划建设实践相结合，适用性不断加强，其研究成果直接应用于开展社区建设、社区发展规划、社区可持续发展研究。

国外社区规划起步较早，研究趋势具体表现在由物质空间规划研究向空间治理与社会参与研究的转变。相关研究表明，在1999—2014年的15年间，国外社区规划研究发展迅速，研究的高频次主题词集中在公众参与、新城市主义、居住环境、生态社区、可持续发展等[5]，研究热点除了参与、保护、可持续外，更多地关注管治、管理、政策等方面，这也为国内的社区规划研究和实践提供了借鉴。

我国的社区研究从1980年代开始，从最初的重点突出场地规划和环境空间，到关注社区规划的结构与功能性；又随着公众参与、社区意识等理论的发展，逐步体现出理性与参与性；在2000年后开始重视社区组织、社区融入、社区规划师等理念的研究，展现出社区规划的合作与沟通性。

2.4.2 研究的不足

1. 社区规划概念模糊、理论框架松散，对社区发展的指导性较弱

我国社区规划研究处于起步阶段，许多不同学科的学者参与其中，学科背景、切入角度和侧重点均存在一定的差异，对社区规划的界定，以及应用的理论与方法都不尽相同。这一方面拓展了社区研究领域，在一定程度上深化了社区研究，但另一方面由于缺乏足够的交流，也造成了"各人研究各人"的混乱局面，削弱了对社区建设实践的指导作用。

当前的社区规划以静态研究居多，动态研究较少。研究主要是对社区构成要素、社区分类、社区发展出现的问题等方面的描述，以及对社区影响因素的罗列，缺乏对社区问题根源和动力机制的深入探讨；特别是对社区发展的跟踪研究很少，导致对一些重要问题的剖析难以深入。

2. 社区研究基础尚显薄弱，社会学社区研究与城市规划社区研究缺乏系统的结合

西方规划理论与实践已经从理性主义对定量化最优化的追求，对性能与功效的偏好，对物欲性、占有性的强调的规划观念，转向了非理性主义的、在物质文明迅速发展的同时要求关注个体命运和人类内心活动的人文主义规划思想和公众参与规划的潮流，从而在社区研究的发展中，形成了现代城市"社区规划"的规划思想和工作方法。而目前，我国城市规划领域还没有形成与我国国情相适应的社区规划的理论和方法体系，研究社区的两大学科，即社会学与城市规划还缺乏系统的有机结合。

2.5 当前社区规划面临的主要挑战

2.5.1 当前社区存在的普遍问题

1. 过度行政化

社区的本质应是以人为本、社区自治，其最终目标是提高居民生活质量。而目前我国的城市社区是"行政区—社区"的模式，造成了将行政区等同于社区，社区规划表现出强烈的行政色彩，规划编制自上而下，公众参与流于形式，规划的指标体系过于庞杂，规划内容过于面面俱到，许多都是政府部门的行政口号，缺乏具体的实施步骤和措施，导致规划目标很难实现。

2．过度商品化

当前社区倚重交换价值而忽视使用价值，城市空间更新被商业价值主导，日常生活空间的地位被边缘化。城市更新由市场化主导，城市空间成为商品，交换价值成为某些地方政府和开发商追逐的主要目标。当交换价值成为追求目标后，由于城市空间的真正使用者包括机构和个体无法参与到城市更新计划和政策的制定与实施中，结果必然是城市空间本来的使用价值被忽视。于是，城市更新实现了价值增值，但倚重交换价值而忽视使用价值的结果不够公平正义，并在利益主导者推动的城市更新政策的调整中得到强化[6]。

3．过度碎片化

社会空间的隔离与马赛克式布局导致城市社会空间肌理被切割，社会结构的碎片化，社会融合受阻。独立的开发商主导的城市空间再生产模式，直接导致城市空间的隔离与碎片化，城市空间肌理不仅仅包括城市道路、水域，还包括用于区隔不同功能区块或开发单元的围墙[7]。这种表现为物质空间形态上通过围合形成的"门禁社区"（gated community），已是绝大多数小区所共有的现象。

4．过度标准化

全球化推动旧城保护和城市更新模式化，城市空间失去个性与多样性。全球化最显著的特征就是同质，因此虽然"多样性是城市的天性"，"城市多样性"的追求还是被同质化发展取代，工业化的城市更新模式成为主流，城市更新中被重塑的空间成为资本驱动的标准化"车间"，空间的个性与区域特色被忽视，空间个性被破坏，同质化严重。

2.5.2 实际规划过程中存在的阻碍

在我国，社区规划除面临西方社区规划普遍具有的一些问题外，由于我国历史因素、特色的社会管理体制以及计划体制的影响,在实践过程中,还面临一些特殊的障碍,主要涉及产权、利益相关者和改造资金等。

1. 产权复杂

明晰产权是进行老旧社区更新的前提。产权是财产权利的简称,但并不等同于所有权,而是包括所有权在内的一系列权利的集合,纵向可划分为所有权、占有权、使用权、收益权和处分权。老旧社区的产权实际是"空间产权"的一种,老旧社区的空间构成既包括了专有部分,如住宅内部,也包括了共有部分,如楼道、公共绿地、公共设施等。不同类型的住宅,其专有部分和共有部分的产权结构不一。

2000年以后,我国形成了包括传统邻里私房、村民住房(城中村)、还建房、房改房、承租公房、商品房、经济适用房等多种类型在内的住宅产权结构。总的来说,每一种住宅类型的产权结构都是不同的,由此导致了老旧社区极其复杂的产权结构(表2-1)。

老旧社区产权结构 表 2-1

住宅类型		产权结构									
		专有部分					共有部分				
		所有权	占有权	使用权	收益权	处分权	所有权	占有权	使用权	收益权	处分权
传统邻里私房		●	●	●	●	●	□	□	○	□	□
城中村		●	●	●	●	●	△	△	△	△	△
还建房	集体土地	●	●	●	●	●	△	△	△	△	△
	国有土地	●	●	●	●	●	□	□	○	□	□
房改房	成本价	●	●	●	●	●	○■	○■	○■	○■	○■
	标准价	●■	●	●	●	●	○■	○■	○■	○■	○■
承租公房		□	●	●	□	□	□	□	○	□	□
商品房		●	●	●	●	●	○	○	○	○	○
经济适用房		●	●	●	●	●	□	□	○	□	□

注:●表示个人所有;□表示国家/政府所有;△表示村集体所有;■表示原售房单位所有;○表示小区业主共有;▨表示虽拥有该项权利,但是权利有限。

由于部分产权的空间界定较为模糊，现实生活中的产权结构往往更加复杂。如空中产权难以界定；部分年代久远的社区，其专有部分和共有部分难以明确区分；产权主体是模糊的"集体"，无法落实到个人的权利份额等。在这种情况下，个人产权主体往往为了自身利益而进行不正当的建设或空间侵占。如在原本规定层数的建筑上加盖一层或多层，或利用窗台、雨篷等向外扩建；住宅的一层住户私建围栏，圈用门前的空地；对公共停车棚的私有化侵占等，由此导致不同程度的产权争议或矛盾。其次，老旧社区诸多空间的产权主体为原售房单位，但历史原因部分单位的消亡导致产权主体的缺失，使该小区最终成为无物业管理、无主管部门、无人防物防的"三无小区"，大大增加了老旧社区更新改造的难度。因此，复杂的产权导致的产权争议，以及部分产权责任主体的缺失，实际上已经成为影响规划实施的最主要限制因素[8]，也是当前社区治理经常陷入"公地悲剧"⑧的主要原因。

2．利益多元

老旧社区更新改造涉及多个利益主体，包括社区内部与社区更新有直接利益关系的居民（业主、租户）和单位，也包括参与社区更新的各级政府、居委会以及市场。每个利益主体诉求不一，甚至部分存在矛盾冲突，从而导致在改造过程中意见相左，难以共同推进老旧社区的更新改造（表2-2，图2-2）。

不同利益主体的利益诉求 　　　　　　　　表 2-2

利益主体		角色	主要诉求	改造意愿
市政府		政策制定者	改善城市形象	★★★★☆
区（县）政府		政策执行者	完成上级下达任务	★★★☆☆
街道		统筹者	街道繁荣、社区稳定	★★★☆☆
居委会		协调者	社区协调发展	★★★☆☆
市场		实施者	获得经济利益	★★★★☆
业主	邻里私房	参与者/监督者	在不损害个人利益的前提下进行小区改造，不同个体的诉求存在差异	★★★★☆

续表

利益主体		角色	主要诉求	改造意愿
业主	城中村	参与者/监督者	不愿意进行改造，更倾向于拆迁	★☆☆☆☆
	还建房		在不损害个人利益的前提下进行小区改造，不同个体的诉求存在差异	★★★★☆
	房改房		在不损害个人利益的前提下进行小区改造，不同个体的诉求存在差异	★★★★☆
	商品房		在不损害个人利益的前提下进行小区改造，不同个体的诉求存在差异	★★★★☆
租户		参与者/监督者	大多持反对意见，仅支持时间短、见效快的方式提高居住质量	★☆☆☆☆
单位		参与者/监督者	不损害集体及个人利益，且仅接受投资少、时间短的方式	★★☆☆☆

注：★表示对老旧社区的改造意愿为1分，☆表示对老旧社区的改造意愿为0分，满分5分。

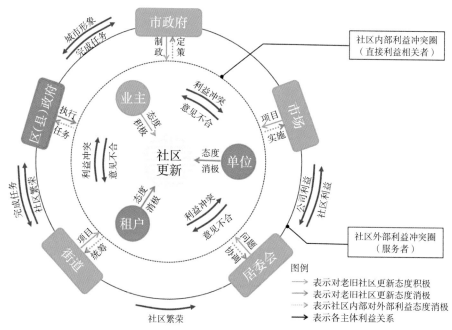

注：社区内部利益冲突圈指社区内部与社区更新有直接利益关系的主体之间的利益冲突，居委会虽是社区的组成部分，但其并不是社区内部利益冲突的来源，反而扮演着协调者的角色，服务社区更新，因此其属性与各级政府、市场类似。

图 2-2 不同利益主体的利益关系

市政府是老旧社区改造的主要推动者，也是相关政策的制定者。为改善城市形象，市政府要求各区（县）政府对辖区内的老旧社区进行改造。其对老旧社区的改造意愿是比较强烈的，但往往只是下达任务及提供政策及技术支持，不提供改造资金或仅提供少量的改造资金。区（县）政府在上级政府的命令下，往往是承担辖区内老旧社区改造工作的实际主体，但由于其缺乏改造资金，自身财力不足，对老旧社区改造有一定的抵触态度。街道是老旧社区改造的统筹者，主要诉求是社区繁荣稳定，由于老旧社区改造常常涉及居民的切实利益，由此造成一部分居民的反对，因此街道对老旧社区改造的意愿也并不强烈。居委会是主要问题及矛盾的协调者，对内协调小区内部各利益主体之间的矛盾冲突，对外协调小区与市场之间的利益冲突，其诉求及改造意愿与街道较为一致，但有时力不从心。市场指的是各施工单位、开发商、物业公司等，一般是公司的经济利益至上，因此与居委会诉求的社区利益至上是矛盾的，但只要老旧社区改造能使其获得可观的经济收益，也会参与老旧社区的改造过程。业主是房屋的所有者，但不同类型老旧社区的业主对社区改造的态度也不尽相同。一般而言，城中村居民由于当时建设标准低，且长期缺乏维修维护造成房屋破损严重，因此并不愿意进行改造，而是更倾向于拆迁。其他类型老旧社区业主的改造意愿相对较为强烈，因为小区改造美化了居住环境，不仅能提高居住质量，还能使其房产增值，但也明确提出改造的前提是不损害个人利益。在涉及个人利益时会产生诸多矛盾与纠纷，如加装电梯并没有使低层住户获得实质性利益，反而带来了噪声干扰，因此低层住户大多持反对态度，但高层住户则有强烈的加装电梯意愿，由此导致业主之间的利益冲突。租户在老旧社区的居民构成中占比较大，很多研究表明，其占比高达三分之一[9, 10]，但他们只是短期租住在小区，小区改造会给他们带来居住质量的提高，然而随之带来的也可能是租金的上涨和长时间改造带来的噪声、交通堵塞等干扰，因此其对老旧社区改造大多持反对意见，如果小区必须要进行更新改造，也仅支持时间短、见效快的改造方式。单位拥有一定的资源优势，单位大院原本的公共设施就相对于其他老旧社区更丰富，因此，单位的改造意愿并不强烈，如果要改造，也只接受投资少、时间短的改造方式。

此外，实施主体与利益主体的错位会对公共财权的权威性造成较大影响，使城市规划所追求的公共利益均衡化面临巨大的挑战和危机。并且仅靠政府财政投入限制了城市更新在更大区域范围内的开展，使得地方的社区更新与整治工作成了一种样板工程和面子工程，不具备广泛的推广意义。

3. 资金不足

改造资金需求大、筹措困难成为老旧社区改造的另一大难题。我国老旧社区存量巨大，初步估计全国老旧社区所需改造资金为3万亿～14万亿元，照此计算，平均每个老旧社区所需改造资金为1700万～8000万元[11]。例如，按照武汉市首批10个试点老旧社区的规划预算，少的1200万元，多的甚至达到1.3亿元，平均为2300万元。而目前老旧社区改造绝大多数以政府出资为主，虽极力倡导居民、社会出资，但效果并不显著[12]。例如，据2018年住房和城乡建设部对老旧社区改造试点城市调研的结果显示，居民虽是最大受益者，但并不愿意个人出资进行改造，其出资总额不到投资的20%[13]。

从2019年起，针对老旧社区改造，国家发展改革委、财政部安排了中央补助金，每年补助300亿元左右。但按照2025年前完成约17万个老旧社区的改造任务计算，中央平均对一个老旧社区的补助仅为100万元左右，比起动辄上千万元的改造资金需求，这仅仅是杯水车薪。老旧社区改造所需的其余资金仍然要大部分依靠地方政府来承担，特别是区县一级的政府。在政府每年的财政预算中，与老旧社区改造经费直接相关的是"城乡社区支出"一项。但这一项反映的是政府城乡社区事务的整体支出，不仅包括了与社区改造直接相关的"城乡社区规划与管理""城乡社区公共设施""城乡社区住宅"

三项，还包括了"城乡社区管理事务""城乡社区环境卫生""建设市场管理与监督"等开支，而后者通常占总支出的绝大部分。以武汉市经济实力较强的武昌区为例，每年城乡社区基本支出不超过2000万元，即使全部用于老旧社区改造，也仅能勉强满足一个老旧社区的改造资金需求[14]。武汉市属于经济实力较强的地区，都尚且难以解决改造资金问题，对于其他经济实力较弱的地区而言，其老旧社区改造的推动难度更是可想而知。

2020年4月，财政部明确表示城镇老旧社区改造可纳入专项债券支持范围。5月，多个地方政府开始密集发行老旧社区改造专项债券，发行期限多为10年以上，最长为30年。至5月底，各地累计发行专项债券达上百亿元。从短期来看，专项债券的发行似乎可解老旧社区改造资金不足的燃眉之急；但期限一到，政府该如何偿还仍是一大问题。近期不断"爆雷"的地方政府债券问题已经为老旧社区改造专项债券的发行敲响了警钟。况且，老旧社区改造不同于棚户区改造，很少涉及土地整理，难以产生项目收益，通过项目收益偿还债券的难度非常大。再从长远考虑，老旧社区的更新改造是一个长期的过程，一次改造资金筹措都存在这么大困难，后续的维修改造资金筹措更是难上加难。

2.5.3　规划部门管理衔接不足

1．社区功能错位

目前，社区开始承担越来越多的功能，甚至是无所不包。社区规划建设成了民政部门的"家务事"。但是社区组织间缺乏必要的横向联系，条块分割较严重。社区管理结构以单一的纵向连接为主，属于典型的行政直线制，社区内的政府派出机构、多数企事业单位、社团组织各有不同的行政隶属关系，相互间并无直接联系，影响了社区资源的充分、合理利用，结果是社区内某些服务设施由于多头建设供过于求，而另一些设施却由于资金管理等原因得不到兴建。

各地由民政部门制定的社区规划，往往流于口号，缺乏具体的、具备可操作性的方法和手段，作为主管编制城市规划、进行城市建设管理的规划建设部门却很少参与到社区规划、建设中去。而规划部门由于在规划理论上缺乏相应的准备，在规划方法上缺乏相应的对策，在运作机制上缺乏与街道、居委会等社区组织沟通的渠道，使得规划的编制和实施在社区层面缺失。

2. 社区空间单元划分不一致

对于我国城市社区的规划建设落实到哪一级空间范围，目前的认识、做法还不尽一致。由于社区的空间单元划分多由民政部门操作，缺乏与现状城市自然状况、设施分布等方面的统筹考虑，规划管理部门未能有效介入，而城市各类配套设施是由规划部门按照居住小区、居住区规划的要求进行配置的，两者之间难免出现偏差，造成一些社区设施不完善，社区缺乏凝聚力和归属感。如何使民政部门的社区规划和规划部门的居住区规划进行衔接，完善社区规划编制体制，有待进一步研究。

2.6　社区"微改造"规划

针对当前社区存在的一系列问题，社区"微改造"规划是一种在不破坏社区原生态前提下，针对老旧社区进行的一种局部性或维护性的更新改造过程，这是当前社区规划的主要模式。社区"微改造"规划从城市规划本源出发，使之从注重物质空间扩展到注重环境、经济、社会、人文等综合发展，平衡社会总体资源的分配和再分配，从而成为城市公共政策的重要部分。社区"微改造"的内容，既包括传统的物质空间改善设计，又包括帮助社区建立共同目标、激发社区活力、组织规则和共同行动。它取代的是传统居住区规划重视营造物质环境，过分强调轴线布局、景观、平面构图，见物不见人。相比于传统的居住区规划，社区"微改造"规划更强调以下几个方面[15]。

（1）规划内容：关注物质空间与社会空间的营造。

（2）规划方法：遵循"自下而上"与"自上而下"相结合，以居民实际需求为导向。

（3）参与主体：参与主体多元，有社区居民、社区管理人员、规划师、社会组织等，更多地强调公众参与，易于居民接受。

（4）建设周期：社区"微改造"规划是社区再建设和维护的过程，更多地强调后期的能动作用，具有持久性和长效性。

（5）规划理念：社区"微改造"规划强调的是精细改进，不主张大拆大建。这样不仅有利于保持和延续原有的小区空间肌理，也有利于小区居民社会结构的稳定。

第 3 章

相关理论与案例研究

本章通过国内外社区"微改造"相关理论以及实际案例的综合研究，从社区"微改造"工作中涉及的主要环节，即目标原则、组织架构、工作流程、内容要点几大方面入手，分阶段对比借鉴国内外成功经验并反思当前存在的不足，为社区"微改造"规划提供理论基础与实例参考。

3.1 社区"微改造"规划的目标与原则

3.1.1 社区理论基础

1. 社会空间正义与社区赋权

从20世纪中期开始，学术界开始关注"社会空间"。作为对城市研究的一个重要分析工具，社会空间视角认为，城市发展是不同阶层与群体对空间资源进行冲突与争夺的过程，对空间的占有和利用是城市经济过程的重要动力，也是阶级分化的重要原因之一。各阶层的斗争也可以理解为对公私权利的争夺，对于某些社会阶层赋予某种权利，由此产生了"赋权"的概念。

"赋权"兴起于1970年代的欧美发达国家，最初应用于政治领域，随后运用到社会工作等社会科学领域。1990年代后期"社区赋权"已成为西方发达国家公共政策研究的关键范畴，是城市复兴政策及其实践的必要条件和核心要素[16]。具体而言，社区赋权是指政府在公共服务供给决策中赋予本地社区更大的参与权和影响力，其政策导向在于强调自治组织与社区部门在社会政策体系中的角色，促进政府与公民社会之间复杂的互动，最大可能地保障社区意见在城市更新政策和规划的制定中得到充分反映，这成为确保城市更新过程中实现空间正义的关键路径。

2. 社区营造与微更新

"社区营造"一词由中国台湾文建会在1994年首先提出，旨在强调社区营造有别于传统的社区规划，不只在于物质空间环境的建设，更加强调社群、经济、社会、环境等的有机统一，注重社区的全方位发展，其核心仍为"赋权"。

在核心目标上，社区营造强调社区发展应充分运用社区内的各种资源条件，凝聚社区共识，改善生活环境，延续文化精神，重塑社区活力，使得社区主体充分参与到影响其生活的社区发展过程中，实现面向人、文、地、产、景五大方面的可持续发展行动[17]。在运行机制上，社区营造强调由传统的"自上而下"的更新模式转变为以居民为主体的"自下而上"的更新模式。公共管理部门作为监管方，协调和组织促进居民与其他利益主体之间的沟通，促进共识和建立社区合作关系。通过充分保护原生居民在更新过程中的话语权，保护原生居民的物权和居住权。而微更新则为实现社区营造的重要手段与方法。

社区微更新项目不同于以往的城市规划设计项目，因为这些更新项目与社区居民的日常生活密切相关，因此更需要"共治"，需要邀请尽可能多的社区居民深度地参与到项目全过程中。

3.1.2 英国与中国上海的对比

对以英国为代表的西方国家的社区规划和以上海为代表的中国社区"微改造"规划的目标进行对比发现,西方的社区规划主要以推进城市发展、优化公共服务、发展地方民主和激发公民意识为目标,我国的社区"微改造"规划目标在于推广有机更新的理念、形成高效的自主推进机制、探索社区规划师途径、培养公众参与意识。可以看出,中外在强调自下而上的改造模式、倡导社区自治共治这一价值取向上基本保持一致(图3-1)。

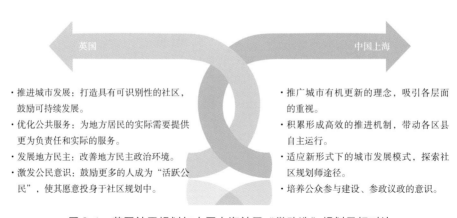

图 3-1 英国社区规划与中国上海社区"微改造"规划目标对比

3.1.3 启示

综合社会空间正义与空间赋权、社区营造与微更新的理论借鉴和英国、中国上海的经验借鉴,社区"微改造"的目标与原则在不同层面对应不同内容:①宏观层面。推动城市的可持续、精细化发展,并以优化居住空间品质为基础,提升城市的宜居性及吸引力。②微观层面。优化社区环境、改善社区居民生活品质是社区规划工作最为直接的目标。③物质空间层面。社区"微改造"工作以优化社区公共服务设施、建筑景观、绿化及环境、交通及市政等物质空间元素为目标，多方位提升社区的空间品质。④制度理念层面。一是培养民主意识，促进规划管理者、规划编制人员以及民众在规划编制及实施中的公众参与观念的形成；二是创新社会治理模式，建立多方协作的工作机制；三是对存量用地有机更新模式的探索，以及"微改造"、微更新理念的传播。

3.2 社区"微改造"规划的工作机制——组织架构

3.2.1 美国

美国的社区规划从最早的邻里单元模式到二战后的城市更新计划，再到1960年代对城市更新计划反思时推行的社区行动计划，以至于到社区行动计划不足以控制社区时，又产生了许多社区发展公司这样的非盈利组织。随着此种市民权力崛起和反战情绪高涨，美国城市政府开始出资支持社区规划，这使得社区在地方环境的决策方面产生了影响，促进了社区居民之间的交流，并有助于社区感和地方感的形成，形成了政府、非政府组织、社区三方共同参与的体系，非政府组织是其中的核心（图3-2）。

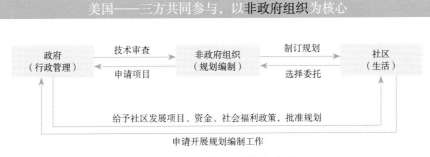

图 3-2 美国社区规划组织架构

美国的社区规划是由社区筹集资金来委托非政府组织制订规划方案，而政府对规划进行技术审查，并根据规划给予相关的资金、政策、项目福利，最终形成一个多方参与的组织架构闭环。

3.2.2 中国台北

台北市自1995年起开始推动《地区环境改造计画》，目的是鼓励公众参与，并通过公众参与打造一个"适居的、人性的都市"。在都市发展局等政府背景机构的支持下，成立了社区总体营造推动委员会，积极推动"社区规划师制度"[18]，要求社区与专业者结成伙伴关系，共同推动地区环境改造计划。社区规划师必须具备环境空间的专业背景和服务社区的精神，介于政府与民众之间，处理公共空间改善规划的议题，并以此为核心，统筹推进各方工作（图3-3）。

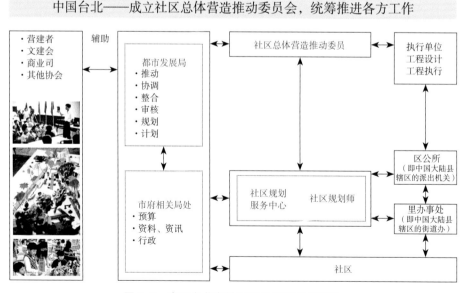

图3-3 中国台北市社区总体营造机构架构

3.2.3　中国上海

上海市通过搭建"三会一代理"平台（听证会、矛盾协调会、政务评议会，群众事务代理制度）对社区规划工作进行综合协调。平台对政府的意图进行落实反馈，向规划师传达规划诉求，协调业主与其他利益群体的矛盾，对代建方实施监督。政府则主要承担综合协调的职责，规划师负责规划协调，业主向平台反馈问题，代建方向平台进行实施反馈（图3-4）。

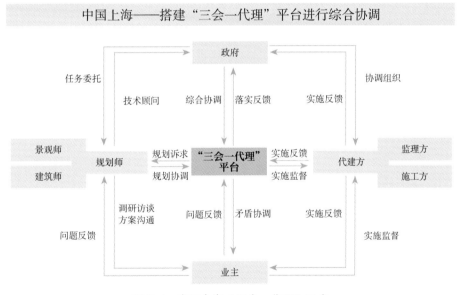

图 3-4　中国上海"三会一代理"平台

3.2.4　启示

综合美国、我国台北和上海在社区规划组织架构方面的经验，社区"微改造"过程中，可搭建由政府部门、社区、规划师、建设方组成的协调平台。政府部门主要负责拟定计划、技术审查、提供资金、政策支持、实施监督等。

社区向协调平台提供改造申请和诉求、反馈问题以及监督实施。规划师主导方案的编制，作为技术顾问指导实施。建设方的主要职责为实施（图3-5）。

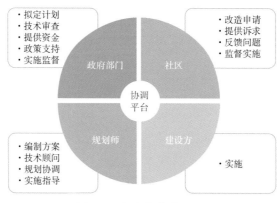

图 3-5　组织架构启示

3.3　社区"微改造"规划的工作机制——工作流程

3.3.1　英国

英国的社区规划在1960年代已有雏形，通过对1980年代后期和1990年代早期的城市发展与更新政策总结，产生了参与、社区和公民义务等社区化的概念[19]。随着地方政府机构、志愿组织、商业利益机构和地方居民协作式工作渐多，协同工作被视为扩大社区和居民参与决策潜力的主要方式。社区规划的调研、咨询、提案、审查、公民投票及完成规划制定等多个阶段，都要反复征求社区居民意见（图3-6）。

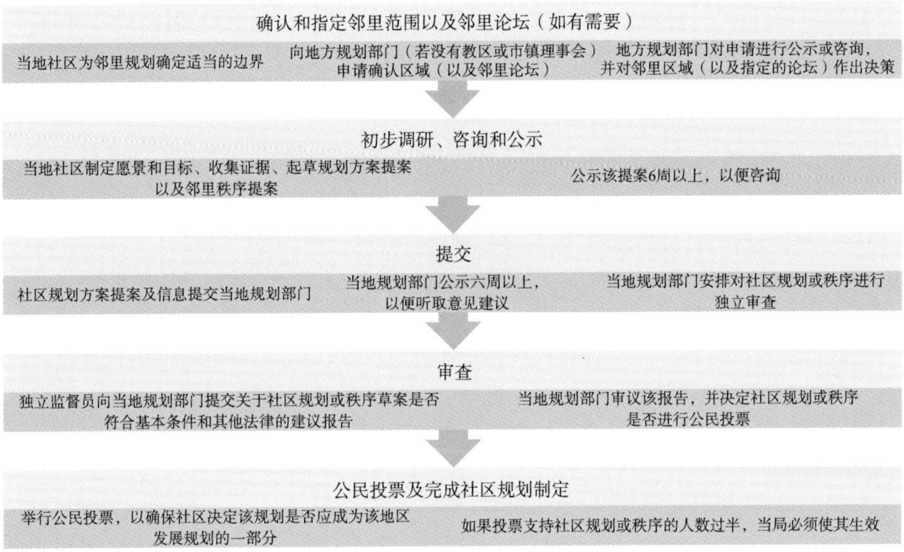

确认和指定邻里范围以及邻里论坛（如有需要）		
当地社区为邻里规划确定适当的边界	向地方规划部门（若没有教区或市镇理事会）申请确认区域（以及邻里论坛）	地方规划部门对申请进行公示或咨询，并对邻里区域（以及指定的论坛）作出决策

初步调研、咨询和公示	
当地社区制定愿景和目标、收集证据、起草规划方案提案以及邻里秩序提案	公示该提案6周以上，以便咨询

提交		
社区规划方案提案及信息提交当地规划部门	当地规划部门公示六周以上，以便听取意见建议	当地规划部门安排对社区规划或秩序进行独立审查

审查	
独立监督员向当地规划部门提交关于社区规划或秩序草案是否符合基本条件和其他法律的建议报告	当地规划部门审议该报告，并决定社区规划或秩序是否进行公民投票

公民投票及完成社区规划制定	
举行公民投票，以确保社区决定该规划是否应成为该地区发展规划的一部分	如果投票支持社区规划或秩序的人数过半，当局必须使其生效

图 3-6　英国社区规划工作流程

3.3.2　中国上海

上海市的社区更新规划方案编制阶段分为初步方案、方案草案和实施方案三个子环节（图3-7）。在整个过程中，规划师深入社区，依托居委会搭建的社区治理平台以及发放调研问卷等形式，充分听取居民反映的问题和需求，多次与居委会、业委会、物业、居民等就规划方案交换意见，通过规划引导居民共同参与社区的自治与共治。

3.3.3　启示

社区"微改造"的工作可以明确划分为以下几个阶段：启动及策划阶段，政府组织摸底筛查，社区申报诉求；调研发现阶段，组织现状踏勘，与居民深入交流，汇总问题，明确对策；方案编制阶段，在多轮方案编制过程中征询意见；公共决策阶段，对方案进行公示表决、提交审查；方案审查阶段，政府部门进行技术审查，汇总居民意见，达成共识；建设实施阶段，制订实施方案，居民进行表决后开工建设；管理维护阶段，将建设实施的成果移交管理（图3-8）。

初步方案
方案草案
实施方案
政府组织统筹
规划技术协调
居民公众参与
现状踏勘
社区调研
问题、需求汇总
编辑规划
初步方案
组织居民
问题征集
协助调研
方案汇报
意见反馈
居委会、业委会、物业
初步方案修改
制订方案草案
方案草案
听取意见
方案草案
公示
方案汇报
意见反馈
方案汇报
意见反馈
居委会、业委会、
物业、居民代表
实施方案
居民表决
组织发票
表决投票
停机结果
业主表决
是否通过
实施方案需全体业主
2/3以上通过才有效
业主（小区全体居民）

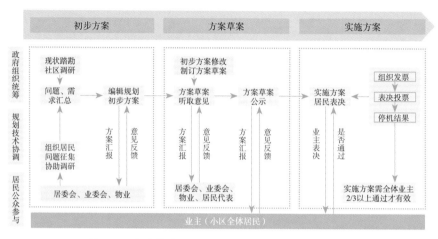

图 3-7 上海静安区“美丽家园”社区更新组织流程

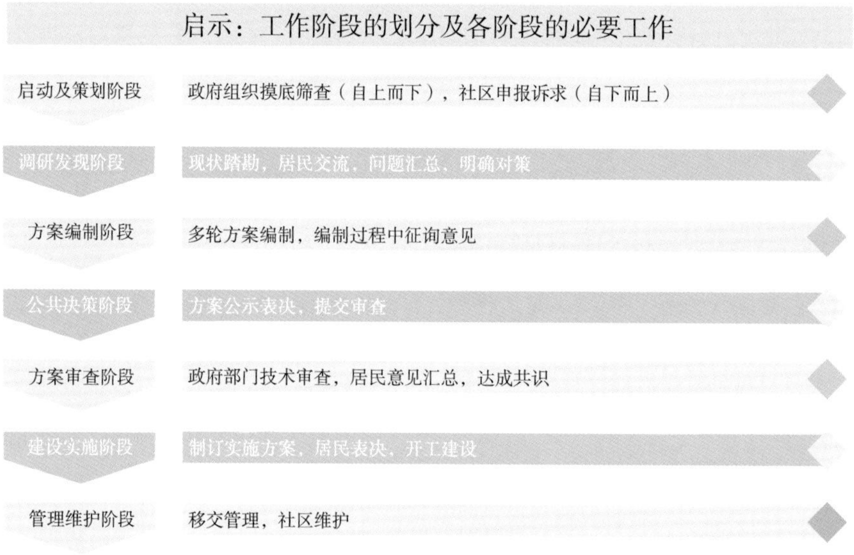

启示：工作阶段的划分及各阶段的必要工作
启动及策划阶段
政府组织摸底筛查（自上而下），社区申报诉求（自下而上）
调研发现阶段
现状踏勘，居民交流，问题汇总，明确对策
方案编制阶段
多轮方案编制，编制过程中征询意见
公共决策阶段
方案公示表决，提交审查
方案审查阶段
政府部门技术审查，居民意见汇总，达成共识
建设实施阶段
制订实施方案，居民表决，开工建设
管理维护阶段
移交管理，社区维护

图 3-8 工作流程启示总结

3.4 社区"微改造"规划的内容及要点

3.4.1 英国

英国的社区规划内容体系由基础设施与公共服务、社区安全与交往、社区环境质量和公众参与计划四个方面构成（图3-9）。首先，社区规划需要对特定地区的发展提出某种形式的"远景展望"，相当于实现经济、社会和环境可持续性的规划总体目标或战略。其次，社区规划需要明确关键的主题，并详细制定各主题的主要目标。再次，社区规划还需要确定指导原则和工作方式，以及在多数情况下需要的某些形式的监督和审查框架。最终使规划满足人的生理、安全、社交、尊重及自我实现等多种需求。

3.4.2 中国上海

《上海市15分钟社区生活圈规划导则》从理念、方法、决策和行动四个方

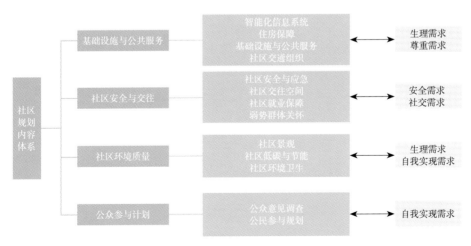

图 3-9 英国社区规划内容体系

面出发，以规划语言定性描述规划建设要求，提出整体方向及目标（图3-10）。主要内容聚焦居住、就业、出行、服务、休闲，由规划准则、建设导引和行动指引两部分构成（图3-11）。其中，规划准则、建设导引为规划和建设标准，行动指引为社区规划的开展和实施提供具体操作指引。

主导部门：上海市规划和自然资源局，2016年8月发布
工作定位：新形势下全市居住社区规划编制和更新的基本导向
适用范围：上海市涉及居住社区的总体规划、单元规划、控制性详细规划及建设项目，宜参照该导则开展规划编制、管理和实施工作

理念方面	紧密围绕社区生活方式的转型，通过规划语言将15分钟生活圈概念落实到居民的衣、食、住、行
方法方面	探索存量社区规划的编制方法及实施途径，推动存量社区逐步落实新理念、实现新目标
决策方面	强调从政府单向决策向“政府、社会、市民”深度协作的转变
行动方面	强调规划对行动的策划，通过社区行动来推动社区规划蓝图的实施

图 3-10 《上海市 15 分钟社区生活圈规划导则》要点

主要内容：由规划准则、建设导引和行动指引两部分构成。其中，规划准则、建设导引为规划和建设标准，行动指引为社区规划的开展和实施提供具体操作指引

居住	多样化的舒适住宅	住宅水平、住宅类型、住宅布局、住宅环境、住区风貌、住宅建筑
就业	更多的就近就业空间	更多的就近就业空间、传承历史文脉的创新空间
出行	低碳安全的出行	道路系统、步行网络、公共交通、站点、停车
服务	类型丰富、便捷可达的社区服务	社区服务体系、社区服务内容、空间布局
休闲	绿色开放、活力宜人的公共空间	多类型多层次公共空间、高效可达网络化空间布局、人性化富有活力的公共空间、富有人文魅力的公共空间

图 3-11 《上海市 15 分钟社区生活圈规划导则》主要内容

3.4.3　中国济南

《济南15分钟社区生活圈规划导则》重点针对社区生活圈的公共服务设施提出规划标准及建设指引，对公共服务设施类型进行了丰富，对社区公共空间与慢行交通提出引导要求，并形成生活圈规划布局指引（图3-12），分类型、分区域、分管控强度进行差异化设计，具体内容包括8个方面、7类设施、2种级别类型和3类区域。其涵盖行政服务、医疗、养老、教育、文体、商业便民和公共环境，分为基础保障类和品质提升类，针对老城区、新城区和新规划区，从街道级和居委会级实现规划全覆盖（图3-13）。

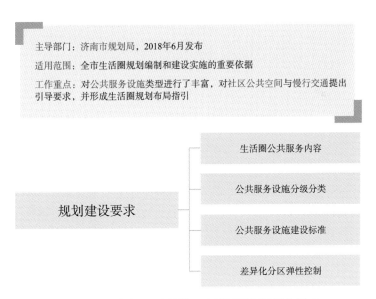

主导部门：济南市规划局，2018年6月发布

适用范围：全市生活圈规划编制和建设实施的重要依据

工作重点：对公共服务设施类型进行了丰富，对社区公共空间与慢行交通提出引导要求，并形成生活圈规划布局指引

规划建设要求
- 生活圈公共服务内容
- 公共服务设施分级分类
- 公共服务设施建设标准
- 差异化分区弹性控制

图 3-12 《济南 15 分钟社区生活圈规划导则》要点

图 3-13 《济南 15 分钟社区生活圈规划导则》主要内容

3.4.4 中国杭州

2019年杭州市出台了《杭州市老旧小区综合改造提升技术导则（试行）》，其特点是建立模块化、菜单式的项目选用体系，以标准化、普适性、可实施性为基本导向。以完善基础设施为切入点，提升服务功能，打造小区特色，强化长效管理，营造平安、整洁、舒适、绿色、有序的小区环境。

3.4.5 中国成都

成都市编制了《成都市城乡社区发展治理总体规划（2018—2035年）》，内容重点包括总则、社区内涵及发展目标、发展治理总体模式、社区分类及规模、社区发展治理场景、指标体系与评估机制、附则七个部分。规划总体结构为"规划目标—总体模式—场景打造—基础工作"。

3.4.6 中国武汉

武汉市编制的《武汉市老旧小区改造技术导则》，强调老旧小区改造工作重点是以工程建设指引为主，改造项目类别及改造内容和技术要求涵盖水、电、气、路等市政工程的各方面，也包括老人服务、智慧便民服务等公共服务的提升。

3.4.7　启示

　　区别于民政部门和建设房管部门的老旧小区建设治理标准，社区"微改造"规划应重点关注规划编制方法和规划方向性与目标性的指引。社区"微改造"规划的内容应同时包含物质空间及社会环境两个方面。物质空间方面重点包括建筑、交通组织、市政、公共服务设施、公共空间等多个方面的要素。其中，公共空间被众多实践者认为是撬动社区共建的最重要因素。社区"微改造"导则可根据改造的需求及深度对各要素的改造标准进行分类、分级。设计指引可通过图、文、表相结合的方式，含设计依据、设计要求、设计流程、实施要求、示例列举等内容。

中篇

聚焦武汉探索

第4章

武汉市社区"微改造"初探

武汉市在社区"微改造"规划方面的探索较早，并已取得了一定成果，本章通过研究武汉市社区典型的发展背景与发展脉络，评估武汉市社区存在的普遍问题以及特征，介绍首个引入"全生命周期"为理念指导的社区"微改造"案例，详细阐述武汉市对社区"微改造"的完整探索路径，为后续导则的制定提供实践基础。

4.1 武汉市社区"微改造"背景

4.1.1 规划建设方式发生转变

与全国其他大城市类似，随着武汉市城市发展进入存量时代，传统的规划建设方式发生转变，由传统生产空间导向转向生活空间导向，由大拆大建推倒重建到"微改造"、微更新。

武汉市自然资源和规划局从城市更新改造的角度，创造性地将城市划分为"动区"和"静区"。"动区"指城市内可进行大规模改建的区域，"静区"

指城市内限制改建的区域，"静区"内的老旧社区不搞大拆大建，以整治环境、提升品质为主。社区规划作为"静区"规划的重要抓手，被要求发挥规划引领作用，成为统筹社区建设项目实施，实现老旧空间更新提升，弥补社区治理短板，营造居民幸福生活的规划平台。

4.1.2 社区空间和社会问题已不容忽视

当前，武汉市社区面临多方面的空间和社会问题，寻求解决对策已刻不容缓。问题主要体现在功能、服务、环境、投入回报以及社区治理几个方面。其中，功能方面包括社区功能单一、生活就业不便捷、社区活力不足；服务方面包括服务设施老旧、规模不足、类型不全；环境方面包括公共空间缺乏、网络化布局欠缺、环境品质不高；投入回报方面包括社区居民参与性不强，政府资源投入与居民获得感不匹配；社区治理方面包括社区治理系统性不强，重建设轻治理，与城市风貌的整体性、文脉延续性、时代新需求不匹配。

4.2 武汉市社区发展脉络及分类

4.2.1 发展脉络

1949年以来，武汉市社区经历了变动发展期、起步发展期、加速建设期、多元引导发展期，社区分布随城市发展而拓展，社区形态从单一到多元，由功能主义向人本主义转变（图4-1）。

1. 新中国成立前近代居住区（1949年以前）

1949年以前，武汉市的住宅区主要为集中在汉口租界区的里分型社区和武昌老城区的传统民居型社区，其他区域的居住区沿道路分散布局。里分型

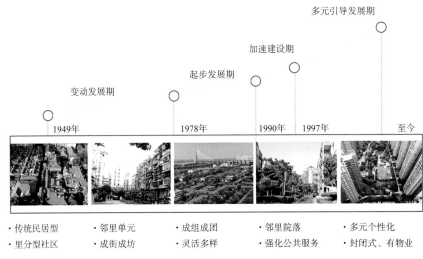

图 4-1　1949 年以来武汉市社区发展沿革

社区于近代开埠以后在武汉兴起，延续几千年的合院式住宅在短短的几十年之内就被里分型社区取代。汉口里分型社区沿江带状分布于汉口租界区，呈联排式排布。

2. 改革开放前的住区（1949—1978年）

从新中国成立初期到改革开放前，我国实行完全福利化的住房政策，"先生产后生活"成为城市建设的主导政策，建设了一批"合理设计不合理居住"的大套型合住住宅。武汉作为国家重要的工业城市，规划结构由组团分散式逐步向三镇一体的集中式发展，城市空间由大型工业引导空间跳跃式发展。这一时期的武汉市居住区主要以工人新村的形式出现，规划理念受苏联城市建设影响，推崇"邻里单元""成街成坊"等西方城市规划理念，开始引入苏联的居住小区规划模式。

3. 城市住区起步阶段（1979—1990年）

在这一阶段，城市建设进入高速发展时期，武汉作为经济体制综合改革试点城市之一，福利分房制度依然占主导地位，但已开始进行住宅商品化的实验。各城区均衡发展组团型居住用地，开始注重对城市产业的结构调整，重视公共服务和基础设施对城市发展的引导。居住区规模扩大化，在邻里单元规划思想的基础上出现"成组成团"与"灵活多样"趋势，以行列式为主平面布局并向灵活多样发展，绿化空间系统更加完善。

4. 城市住区加速建设阶段（1991—1997年）

在这一阶段，国家明确提出住宅的完全市场化，停止福利分房制度，同时加大房屋出租的改革力度，大力扶持经济适用房的建设力度，在保证住宅商品化的同时，为中低收入人群的居住需求提供有力保障。居住区更加重视空间的营造，并采用淡化组团结构、加强邻里院落、提高小区的公共服务能力这些手段来创造更加符合居民生活规律的灵活多样的空间结构，管控方式转变为封闭式、有物业管理。社区逐渐成为社会结构中的一个组成单元。

5. 多元引导发展阶段（1998年至今）

该阶段居住用地进入快速发展时期，城市整体结构表现为圈层式布局，主城区为多中心组团。居住小区形式多元个性化，平面布局科学化，"人车分流"的交通模式出现，人文景观开始重视文脉、接受历史传承，更注重居民私密性，强调生活服务中心的内向性，管控方式延续封闭式、有物业管理，邻里关系逐渐淡漠。

4.2.2 武汉市老旧社区分类及特征

基于武汉市社区发展沿革及空间脉络梳理，确定社区分类标准，武汉市社区分为三类：老城风貌型社区，单位大院型社区，老旧商品房社区。

1. 老城风貌型社区

（1）自然生长型

自然生长型指建设年代在1958年以前的社区。空间特点主要包括建筑破败严重，房屋密度高，无统一规划；街巷狭窄、拥挤，缺乏公共空间；车行不便，停车难，存在严重消防隐患；市井氛围浓厚，传统手工作坊点缀其中。

（2）历史风貌型

历史风貌型社区的空间特点主要包括历史文化遗存聚集或点缀其中，底层建筑沿街巷连片密集布置；街道格局保存较为完整，历史街巷空间生活气息浓厚；传统巷弄空间为主，车行不便，停车难；功能业态"自发生长"，与历史文化氛围不匹配。

2．单位大院型社区

单位大院型社区是我国计划经济时期的产物，一般是指以一个或多个单位为核心，以居住和生活服务功能为主体，由单位员工及其家属为主要成员所构成的城市地域中的社区，主要为1958—1979年建设的社区，同时包含1980—1990年代武钢、武船、武大等大型企业、科研院所的职工宿舍。

伴随着经济体制市场化改革，传统的单位大院型社区面临着诸多改造、转型的挑战：首先，单位逐渐退出社区管理与服务事项，社区失去惯常依赖的管理与服务主体；其次，受建设背景与时长约束，老旧社区面临基础薄弱、设施老化、公共空间狭小等问题，影响居民生活质量的同时，带来较高的维护与管理成本。社区逐渐成为无物业社区，形成恶性循环；同时，原住户外迁，由单位维系的熟人社会关系网络逐渐碎化，原本有序的社会与空间秩序逐渐瓦解。

3．老旧商品房社区

老旧商品房社区指建设年代在2000年以前的社区。其空间特点包括容纳背景、文化、传统各异的多元群体共同居住，居民之间多无社会关系基础，交流贫乏，关系疏离，催生生人社会；多元群体带来多元需求，不同生活愿景在共同空间内碰撞，引发不同群体的摩擦与矛盾；公共意识的缺乏形成严格的公私空间界限，不利于推进社区治理与发展；社区建设大多以容积率为最终目标，社区空间脱离人的互动，设施和环境成为商品化附属品，居民需求难以切实满足。

4.3　武汉市社区问题评估

在当前武汉市社区"微改造"工作背景之下，对当前武汉市老旧社区进行分类。为了找出武汉市社区普遍存在的问题，首先采用抽样法对每个分类下社区进行随机抽样并最终选择14个社区，建立综合评价指标体系得出评价结果，再通过武汉市"三旧"改造平台数据对全市老旧社区进行现状特征评估，在结合抽样社区评价结果的基础上进一步挖掘当前武汉市老旧社区共性问题并尝试解决（图4-2）。

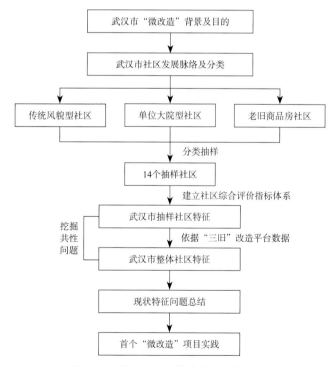

图 4-2　武汉社区"微改造"评价思路

4.3.1 明确评价对象

基于老旧社区分类，结合武汉市社区"微改造"实践，确定14个参与评价的主体社区（表4-1～表4-3）。

传统风貌型社区抽样			表 4-1
传统风貌型社区			
戈甲营社区	彭路社区	坤厚里社区	福忠里社区

单位大院型社区抽样				表 4-2
单位大院型社区				
通达社区	劝业场社区	循礼社区	向阳社区	伏虎山社区

老旧商品房社区抽样				表 4-3
老旧商品房社区				
青翠苑社区	宁松社区	幸乐社区	华锦社区	知音东苑

4.3.2 建立社区综合评价指标体系

评价指标体系以"空间属性+社会属性"为主题，明确三级评价指标，形成具有可度量性，便于统计、计算和分析的评价指标体系[20]。

其中，一级指标是社区"微改造"评价的核心变量，也是反映社区"微改造"规划最关注的对象；二级指标是具体的标准，是对一级指标的进一步解释；三级指标是最终分离出的可以被测量的具体指标（表4-4）。三级指标的每一项都具有可度量性。

评价指标体系一览表　　　　　　　　表 4-4

一级指标	二级指标	三级指标
A 社区生活便捷度	A1 社区内部交通通达性及配套交通设施的完备性	A11 社区内部交通通达性，是否存在断头路
		A12 自行车路网及自行车设施的配备，街道适宜步行
		A13 设有符合规范的机动车、非机动车公共停车场地以及配建设施
	A2 社区文化体育设施	A21 社区内设置有文化活动室、图书室、体育活动场所
	A3 社区基层医疗卫生设施	A31 社区卫生服务中心、卫生服务站等基层医疗服务场所，居民一般步行 15 分钟即可到达
	A4 社区适老育幼设施	A41 社区设立老年公寓、母婴室、老年食堂、一键通紧急求助装置等适老育幼设施，鼓励在老年人口占比较大社区设置"社区综合为老服务体"以及配备社区无障碍设施
社区空间环境属性 B 社区公共安全度	B1 社区公共治安设施	B11 住宅小区出入口设置值班室，配备专职人员 24 小时值班；设置防盗设施、监控设施和照明设施，按公安部门要求设置治安视频监控并正常运作
		B12 社区设置警务室，每个警务室至少 1 名社区民警，并按照人口比例配备警务辅助人员，社区民警经群众选举进入社区居委会领导班子
	B2 社区消防设施	B21 建立社区微型消防站，按要求配置消防器材；按标准建设市政消火栓、室外消火栓等消防水源及取水设施，定期进行维护保养
	B3 社区安全防控机制	B31 定期组织居民开展消防疏散演练及地质灾害防灾避险演练等
	B4 社区住宅安全度	B41 社区范围内无仍在使用的危房及其他有安全隐患的建筑物
C 社区环境舒适度	C2 社区人文景观风貌、可识别性	C21 社区内住宅建筑、公共建筑、历史性建筑或街区等建筑立面造型、色彩及外墙建筑装饰材料、防雨遮阳和其他外墙设施应与城市景观相协调
		C22 具有社区特有的标识物，可识别性强
	C3 社区公共空间环境	C31 社区设有中心公共绿地(社区公园)，具备休息、游玩、步行、健身等功能，并提供儿童、老年活动等功能分区
	C4 社区公共卫生环境	C41 社区垃圾收集点布局完善，各种废弃物、垃圾收集、转运情况良好，同时开展生活垃圾分类回收的宣传和教育培训，设置分类垃圾桶，实行垃圾分类回收

续表

一级指标	二级指标	三级指标
C 社区环境舒适度（社区空间环境属性）	C4 社区公共卫生环境	C42 社区内污水处理、固体废弃物处理、烟气排放、噪声等符合环保要求
		C44 社区公共空间保洁情况良好
		C45 社区公共空间设有免费公厕，公厕平面布局合理，分设管理间和工作间，无障碍设施通道、残疾人士座位及呼叫器齐全；公厕指示牌、标识牌等规范齐全
	C5 社区市政设施	C51 城市排水管网完善，排水沟渠密闭，排水通畅，实现雨污分流
		C52 社区内水、电、燃气、通信（有线电视、宽带网络）等公用管线齐全，架空管线的设置应规范、整齐、有序
D 社区社会活力度（社区社会属性）	D1 社区文化氛围	D11 社区设有文化宣传栏，普及相关信息咨讯
		D12 典型社区文化保护与传承民俗民风、文化遗产等社区特色的程度
		D13 社区文化活动组织的居民满意度
	D2 居民参与社区议事意识	D21 社区议事活动会居民参与度
		D22 设立社区公共服务场所，为居民提供便民服务
		D23 社区邻里关系和谐程度满意评价
E 社区服务完善度	E1 社区物业与服务体系	E11 社区物业管理全覆盖
		E12 社区是否有社会自组织（非营利组织）入驻
	E2 社区协调管理机制	E21 住宅小区建立业委会
		E22 社区居委会、物业、业委会具有一定的协调机制，可解决社区问题

1. 评估主体

对社区"微改造"评价指标体系权重的评估主体应包括行业专家、社区工作人员和社区居民等（图4-3），其人数选取比例为2：1：1。

（1）行业专家：社区研究方面的专家或者对社区具有较多实践经验和对行业发展有深刻理解的业内人士，以保证专家提供数据的专业性和可信度

图4-3　不同评估主体交流

（如高校、科研机构城乡规划学、社会学等领域的知名学者、行业专家和综合管理部门专家）。

（2）社区的工作人员：街道社区工作的参与者和实施者，他们在与社区居民打交道的过程中，最了解人民群众的诉求和关心的项目（如社区书记代表）。

（3）社区的居民：社区居民也必须参与到指标权重评估的过程中，所选的社区居民应该是长期生活在该社区并关心社区建设，且具有一定判断能力和维权意识的居民（如社区能人、社区居民代表）。

2. 层次分析法（AHP）计算各绩效评价指标权重的综合排序向量（表4-5）

若矩阵 $A = (a_{ij})_{n \times n}$ 满足

（ⅰ）$a_{ij} > 0$，（ⅱ）$a_{ij} = \dfrac{1}{a_{ij}}$（$i, j = 1, 2, \ldots, n$）

则称之为正互反矩阵（易见 $a_{ij} = 1$，$i = 1, \ldots, n$）

层次分析法（AHP）计算各绩效评价指标权重　　　　　表 4-5

因素 i 与因素 j 相比	量化值
同等重要	1
稍微重要	2
较强重要	3
强烈重要	4
极端重要	5
介于以上两种判断之间	3/2、5/2、7/2、9/2
因素 j 与因素 i 相比	倒数

3. 模糊评价法计算各绩效评价指标评价值

从因子集到评语集建立模糊关系，算出各评价因子的隶属度。采用对比排序法，让居民从35个评价因子中选出最重要的5个并排序，据此赋予分值。然后根据每个因子得分占所有因子总得分的比例，得出该因子的权向量，即

$$W_j = \sum_{i=1}^{n} k_{ij} / \sum_{i=1}^{n} \sum_{j=1}^{m} k_{ij}$$

4.3.3 综合评价结果分析

高关注—低评价的因子，是完整社区中应优先考虑的范畴，此类因子的改善对提高社区宜居水平起到关键作用，主要包括市政基础设施、内部车行通达性、社区公共空间环境、停车配套设施、违建危房、物业全覆盖。社区公共安全是综合评价中最重要的因素，而行业专家评价重要度居中的社区文化、社区标志等因素，由于在社区居民和工作人员中评价较低，综合权重反而排在最后（图4-4）。

综合评分：老旧商品房社区评分＞单位大院型社区评分＞传统风貌型社区评分。

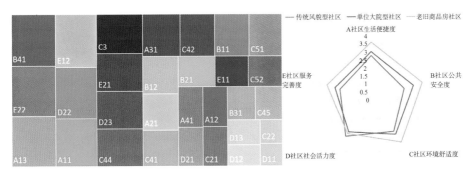

图 4-4　各评价因子关注度一览图

4.4　武汉市老旧社区现状特征

4.4.1　特征一——"老"

1．空间分布上大多位于武汉市老城区

三类老旧社区区位圈层明晰，大多数分布在二环以内和青山老工业区。1980年代以前传统风貌型社区主要位于汉口租界区和武昌古城片区，汉阳显正片区和青山古镇还有少量留存。1980年代老公房为主的单位大院型社区则主要位于二环内和青山片区，1990年代老旧商品房社区主要集中在二环线沿线和光谷地区（图4-5）。

2．人口老龄化十分严重

在选取的14个社区中，有12个社区都为老龄化社区，并且有超过7个社区属于重度老龄化社区。当前中国60岁以上老龄人口比例为17.9%，而其中青山区通达社区、洪山区伏虎山社区等60岁以上老人比例都超过了40%。比起建筑翻新、道路改造等硬件设施改造，老龄居民更关注的其实是社区内部的日常生活（图4-6）。

图 4-5　按年代分武汉主城区老旧社区分布示意图

（数据来源：武汉市"三旧"改造平台、房管局危旧房名单）

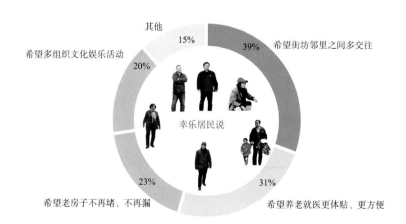

图 4-6　老年人需求调研结果（以幸乐社区为例）

3．普遍存在建筑质量老化、服务设施功能老旧落后的问题

在过去武汉市老旧居住区"三旧"改造工作中，大多以拆迁重建为主，长期忽略了既有社区建筑的保养和维护工作，导致目前的老旧社区大多存在建筑质量老化（图4-7）的问题。同时，随着科技和居民生活水平的高速发展，其功能已很难满足现代居民对新社区生活方式的需求（表4-6），亟待符合当下居民需求的社区服务设施更新改造策略的提出。

图 4-7　武汉市部分老旧社区空间现状

社区用房覆盖社区人口比率 表 4-6

范围	社区用房覆盖居住用地面积比率(%)	社区用房覆盖社区人口比率（%）
5 分钟生活圈	40.96	53.04
10 分钟生活圈	67.30	80.71
15 分钟生活圈	78.66	89.73

4.4.2 特征二——"堵"

1. 传统风貌型社区和单位大院型社区道路交通堵塞阻隔，消防隐患大

传统风貌型社区和单位大院型社区乱搭乱建现象严重，导致消防通道堵塞，局部地段消防车无法进入，存在较大消防隐患。还有的社区通道被人为阻隔，步行系统不成体系（图4-8）。例如，黎明社区违建导致步行通道堵塞，居民无法共享武汉理工大学的运动设施。

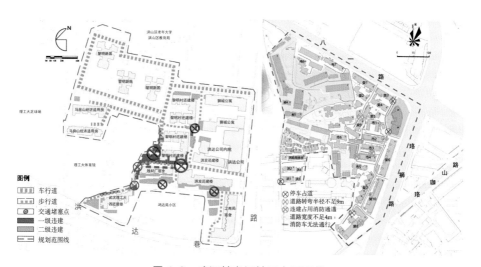

图 4-8 武汉某老旧社区交通现状

2. 市政设施"堵"

大部分社区居民对社区现状市政设施表示不满意。具体存在的问题有：

①下水堵，底商餐饮行业缺乏管理意识，油污排放随意，加上管道老化，导致上层居民经常管道淤堵；②电网乱，电力、电信等管网架空"蜘蛛网"现象严重，弱电箱柜无美化遮挡；③易积水，大部分社区虽然已做过雨污分流改造，但局部排水管网堵塞，地面易积水，同时，局部生活污水直排，造成环境污染（图4-9）。

图 4-9　社区居民问题反馈

4.4.3　特征三——"少"

1．武汉市老旧社区家庭收入普遍偏低，但其中单位大院型社区的平均家庭收入高于其他两类社区

在空间分布上，科研院校周边的老旧社区收入明显高于其他老旧社区。单位大院型社区整体收入情况良好，以劝业场社区为例，新兴中产阶层及以上（收入5200元以上）约占62%，准中产与低收入阶层（5200元以下）占38%。而循礼社区则有54%的家庭月收入在4000元以下（图4-10）。

2．公园绿地、医疗设施、养老设施、文化体育活动设施等公共配套设施偏少（图4-11）

3．使用率高的公共活动空间少，停车配套少

调研发现，除传统风貌型社区公共空间极少外，其他类型的老旧社区公

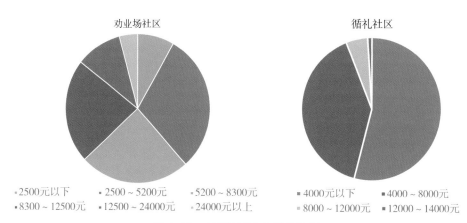

图 4-10　老旧社区收入结构比例

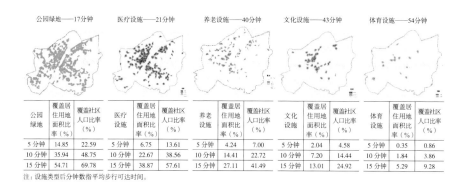

图 4-11　老旧社区公共配套设施覆盖情况

共空间资源其实比较丰富，但共享程度不足且联系不便，零散空间特别多，使用率极低（图4-12）。

4.4.4　特征四——"密"

1. 空间分布密，老旧住宅社区总建筑量较大

武汉市主城区存在大量房龄超过20年、有整治需要的成片住宅，占总居住建筑的约1/5，总规模约5700万m²，其中二环内和青山片区集中了56%的老旧住宅和近90%的危旧房（图4-13）。

图 4-12　老旧社区公共空间现状

图 4-13　武汉主城区老旧社区分布示意图

（数据来源：武汉市三旧改造平台、房管局危旧房名单）

同时，武汉市老旧社区的房屋价值远远低于同地段的新建小区，开展完整社区规划工作可以优化城市社会空间结构，提升土地价值。

2．空间肌理密，街道尺度宜人，业态以基本生活服务为主

武汉市现存老旧社区内部空间尺度较小，其空间肌理主要通过主道与支路串联而成，现有行列式和院落式两类布局。社区内支路宽度一般不超过5m，街道以步行为主，内部公共空间大部分用于生活性活动，包括吃饭、散步、打牌等，尺度较为适宜，邻里社交氛围浓厚。

3．社会网络密，大部分社区具有一定的历史底蕴，但感知度较差

武汉市许多老旧社区在拥有悠久历史的同时，也孕育了如革命、科举、宗教、市井等丰富的文化，拥有浓厚的历史底蕴。戈甲营社区千年历史的格局与街巷，幸乐社区近百年历史的汉口茶市及黎明社区等一众社区自身传承下来的独特汉派文化（图4-14），这些都是城市发展进程的见证者。但目前存在居民文化记忆缺失、传承中断等问题，居民对社区固有文化的感知度较

图4-14　武汉市部分传统风貌型社区

差，而在社区规划中将这些元素重新激活，也将充分激发居民对这座城市和个人价值的认同感，也是社区规划带给城市的重要价值。

4.4.5　小结

武汉市老旧社区现状特征为"老""堵""少""密"。亟待解决的问题主要包括五个方面：①如何在老旧社区狭小的空间内，形成多种现代社区功能的多元复合利用；②如何既能服务老旧社区内的老年人，又能吸引年轻人在老旧社区中落脚，从而优化城市整体空间结构；③如何利用"微改造"而非重建的手段，疏通社区道路，重塑公共空间，增加停车配套；④如何挖掘老旧社区历史文脉，增强城市的文化自信，让城市"静区"同样丰富多元且富有厚重感；⑤如何激发多元共建，打破社区藩篱，保障社区改造后的持续运营和长治久安。

4.5　武汉市社区"微改造"目标

以前两章理论案例经验——即通过"生活空间导向和关注人的发展"趋势导向的社区发展与社区规划研判与基于"案例分析"的社区"微改造"目标、机制、内容及实施策略为基础，同时以基于"历史总结"问题导向的武汉市社区脉络构建与回顾反思为侧重点，共同确立本次武汉市社区"微改造"目标（图4-15），包括以下四个方面。

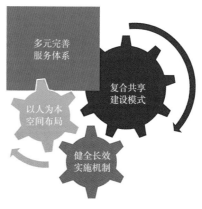

图4-15　社区"微改造"目标

（1）构建多元完善的社区"微改造"服务体系。

（2）打造复合共享的社区"微改造"建设模式。

（3）实现以人为本的社区"微改造"空间布局。

（4）制定健全长效的社区"微改造"实施机制。

4.6 全生命周期理论

4.6.1 起源

全生命周期的概念起源于生物领域，其含义是指描述生物从出生到死亡的全部生命过程[21]。而后美国经济学家雷蒙德·弗农将其概念拓展在产品的有限使用周期上，他认为产品具有如同生物一样的生命周期，都会经历由产生到消亡的过程，从而提出了最早的全生命周期理论。

4.6.2 内涵与发展

广义上，生命周期泛指自然界和人类社会各种客观事物的阶段性变化及其规律，其核心思想是一体化整合。一般是从研究对象的产生、发展、衰退到消亡被视为一个完整的生命周期[22]。随着社会、经济研究的发展，生命周期的概念被引入多个领域，可以是指某个产品从自然中来又回到自然中去的全过程，也可以是企业、组织发展的全过程。

目前已形成的生命周期理论主要包括个体生命周期理论、家庭生命周期理论、企业生命周期理论、产品生命周期理论、信息生命周期理论等。个体生命周期，即个体生命孕育、出生、成长与成熟、衰老与死亡的整个过程。家庭生命周期是家庭从形成到解体呈循环运动过程，家庭生命周期可划分为形成、扩展、稳定、收缩、空巢与解体六个阶段。企业生命周期指企业的发展与成长的动态轨迹，包括发展、成长、成熟、衰退几个阶段；经历四个阶段后，企业通常会面临消亡、稳定以及转向三种结局。产品生命周期（Product Life Cycle，简称PLC）是产品的市场寿命，即一种新产品从开始进入市场到被市场淘汰的整个过程，一般可分成引入期、成长期、成熟期和衰退期四个阶段。信息生命周期是信息数据从产生、传播、使用、维护到存档或删除的整个过程。

不同领域在运用生命周期理论时，其核心目的是分析各阶段的行为特征及重点内容，寻求一体化整合干预的手段，以保证整体生命周期过程高质量完成，实现各阶段的任务目标。

4.6.3 基于全生命周期的社区规划工作内容

在城市进入存量发展的今天，城市规划也逐渐从"蓝图式"的目的性规划逐渐转向连续型、滚动型规划，重点以长远的眼光分阶段地对真实的需求做出回应，确保规划得到长久实施。规划工作的这些特点使其也十分适合应用全生命周期理论。2020年5月24日，习近平总书记参加十三届全国人大三次会议湖北代表团的审议时指出，要"把全生命周期管理理念贯穿城市规划、建设、管理全过程各环节"，首次提出了将全生命周期理念运用在城市规划中的重要性。在城市规划领域，全生命周期理念的核心要旨在于强调城市规划、建设和管理的整体性。在具体实践中，要在规划、建设和管理的各环节遵从全面、协调和可持续发展的原则。

老旧社区作为当前城市治理的重点对象，由于规划年代较早且规划机制不健全等问题，现有条件已无法满足居民高品质的生活需求，不仅表现在空间层面，在社区规划过程中的衔接、后续保障等方面也存在显著不足。因此，在老旧社区再建设和维护的过程中，强调其全生命周期的能动作用，才能使老旧社区规划具有持续性和长效性[23]，避免老旧社区再次走向衰败。

对于既有老旧社区的规划，围绕组织、规划、建设、管理四个维度，可将社区"微改造"规划的全生命周期划分为以下七个阶段（图4-16）：搭建公众参与平台、发现社区、培育社区组织、策划社区活动、设计方案编制、参与式建设、拟定社区管理制度[24]。

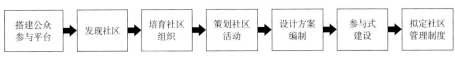

图 4-16　社区"微改造"规划的全生命周期

在搭建公众参与平台阶段，要求吸纳居民代表、社区规划师等多元主体在后续阶段参与到规划设计与建设中。在发现社区阶段，应通过空间评价、行为分析、深度访谈等多种形式，挖掘社区现状问题，对改造方向达成共识。在培育社区组织阶段，需培养社区园艺师、社区策划师等多元化社区建设者，培育社区公益组织，共筑社区。在策划社区活动阶段，应通过组织规划座谈会、设计周等多样化活动，群策群力，增强各主体的凝聚力和参与感。在设计方案编制阶段，应由规划师主导，通过提案征集、意见反馈等方式进行参与式设计，并对规划方案进行公众评议。在参与式建设阶段，应充分尊重居民意愿，制作社区建设项目包，明确各项目所包含的细化分类、具体内容及具体做法、要求。在拟定社区管理制度阶段，应明确社区自治机制，实现对社区的长效管理；并构建信息平台，实现对社区的智慧管理。

4.6.4　基于全生命周期的武汉市社区规划实践

在武汉市的实践中，全生命周期理念在老旧社区"微改造"项目中得到了充分应用，具体体现在不同阶段。

1. 搭建公众参与平台

搭建公众参与平台在实际应用中主要以组建社区"微改造"规划工作坊

为重点工作，并通过运行机制共同达成公众参与的目标。在武汉市试点社区中已构建的有劝业场社区公众参与平台、戈甲营社区规划工作坊等，尝试在实际调动公众参与热情的基础上，共同达成社区规划目标。

（1）组建社区"微改造"规划工作坊

成立社区规划工作坊的第一步需要公开招募居民代表、社区规划师、设计单位、社会组织（非营利组织）、社会志愿者等（图4-17），作为社区规划的核心推进小组，明确各相应职责分工。同时，借助"互联网+"，构建线上、线下社区规划工作坊，充分调动居民的创造力并参与到社区规划设计和建设中；在此基础上，吸纳多元主体参与，共谋社区发展。

图 4-17　公众参与平台主体一览

（2）工作坊运行机制

工作坊主要包括规划者、参与者和协调者三方，参与者包括居民、商家、非政府组织，规划者包括规划师、社区规划师，协调者包括政府及政府组织。三方各自发挥作用，并互相协作，最终达成共同的规划目标（图4-18）。

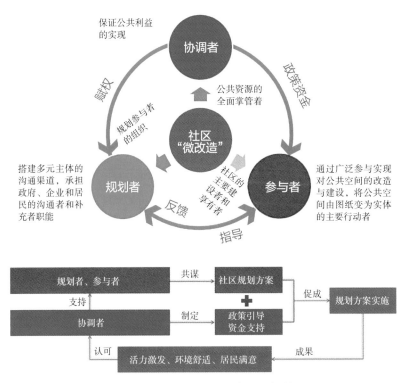

图4-18　社区工作坊三方运行机制

2. 发现社区

发现社区即通过社区"微改造"共同规划工作坊，与社区、社区居民代表等多方共同开展需求调研活动（图4-19），通过社区空间评价、居民行为分析、多群体全方位的深度访谈和问卷调查等多种形式，充分把脉社区现状痛点和难点，力求对现状问题和改造方向达成共识。多方社区需求调研在武汉市试点社区"微改造"的前期工作中普遍开展，取得了丰富的符合实际的调研成果，并为随后的规划设计提供了指导。

（1）社区空间评价

社区空间评价（图4-20）从社区要素评价和空间环境品质评价两大方面

图 4-19 社区调研活动现场

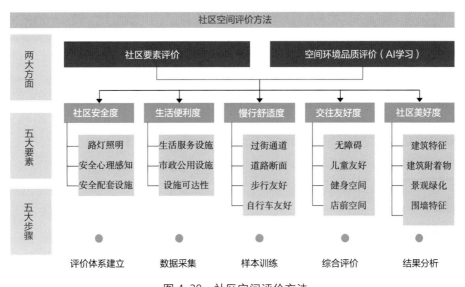

图 4-20 社区空间评价方法

展开，通过评价体系建立、数据采集、样本训练、综合评价、结果分析五大步骤，对社区安全度、生活便利度、慢行舒适度、交往友好度、社区美好度五大要素进行感知评价。

（2）居民行为分析

居民行为分析（图4-21）采用被动无干预采集的MDT（基于GPS定位

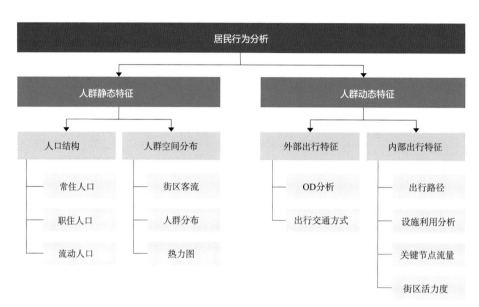

图 4-21　居民行为分析方法

的信令数据）空间高精度数据，从静态、动态两个层面对街区内人口结构、人群空间分布和出行特征进行了感知评估。

（3）多群体全方位的深度访谈和问卷调查

在社区网格员的协助下，选取一定比例的居民，从基本情况、居住环境及公共服务设施、交通出行和社区治理情况四个方面进行问卷调查（图4-22）。

深度访谈中，随机选取原住民、老年人、中年人、青年人、流动人

图 4-22　问卷调查具体内容

口，进行居住空间、公共空间、社区组织、邻里关系、居住原因、改造意愿等方面的深度访谈，充分挖掘居民意愿。其主要包括焦点群体座谈以及重点个案访谈两方面：焦点群体座谈指组织社区居委会的工作人员和社区部分居民进行座谈，通过意见的相互碰撞、相互启发来获取个体访谈之外的信息，尤其是社区其他群体对社区的认知、感受和期待；重点个案访谈指通过街道主要领导和社区领导进行联系，获取他们对社区改造的意见信息。

综上所述，通过需求调查办法整理、统计调查信息，可以寻找优势与不足，理清居民及其他相关主体最关心的事，初步形成社区发现地图，罗列社区"资产清单"（图4-23）。

3. 培育社区组织

培育社区组织指培育包括社区组织、社区规划师等多种角色的社区"微改

图 4-23　社区发现地图的构成要素

造"规划专业团队和志愿者团队,以形成社区共筑力量,共同策划社区活动,促进社区"微改造"规划的有序推进,旨在激发社区共建、共治活力。在实际社区改造的过程中,武汉市大部分社区都有了较为完善的培育机制,通过有限的资源进一步推进了社区多层级规划主体的联动。

(1)选取、培训社区规划师

选取方法为:首先通过规划师自荐,然后设计机构推荐,区政府、街道、规划部门再进行审核。

(2)培育多元化社区能手

在规划专业主体的辅助下,发现并培养社区园艺师、社区调解师、社区营造师、社区策划师、社区物业师等。

(3)培育社区公益组织

社区公益组织的培育主要根据社区的具体情况,培育社区帮扶组织、儿童学后乐园、老年俱乐部等。

4.策划社区活动

定期开展活动,如规划座谈会、设计周、规划设计成果展、艺术展、手工艺展、项目推介会等活动。在武汉市十几个规划社区中均有体现,如中法联合设计营、社区共同参与的设计方案展示交流、定期开展的社区帮扶日(图4-24)等。

图4-24 部分社区活动现场

5．设计方案编制

首先，社区"微改造"设计方案的形成包括初步方案阶段、方案草案阶段以及实施方案阶段，方案全程由设计团队带领，在社区规划方案编制的不同阶段以多种方式参与设计。武汉市在相关试点社区中通过四方联动会议，以议题报告、通报情况、附议、讨论、表决及意见通报等流程全过程推进设计方案的形成（图4-25）。

图 4-25　社区方案形成阶段

具体设计过程中，各方需通过专家导师团队的带领，针对不同的"微改造"区域进行社区参与式规划，设计街道、休闲广场、长廊、花园等公共空间和景观的方案，初步形成社区"微改造"概念方案，并进行可视化深入。其中，参与式设计的参与方式主要包括提案征集、备案选择、意见反馈等。

在初步方案形成之后，建立社区协商议事多方平台，对规划方案进行公众征询及评议（图4-26）。社区协商议事平台由社区居委会牵头设立，设计师、业委会、物业管理公司等多方参与。

协商会议采取个别酝酿、共同协商、民主表决的议事方法，在方案编制

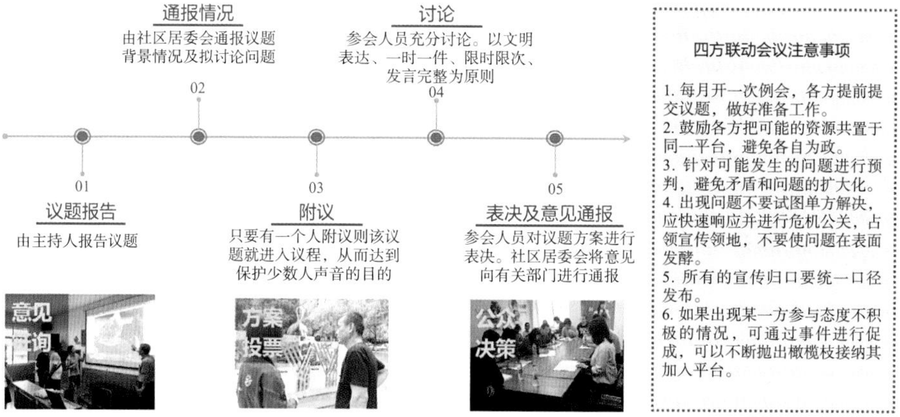

图 4-26　社区四方联动会议工作流程

的草案阶段、中期阶段及成果阶段进行意见征询。议事原则为保证社区各方将社区的公共利益放在首位，以共筑、共建、共赢为原则，为社区改造方案提出意见及建议。

6．参与式建设

参与式建设指制作社区建设项目包，指导社区建设。通过形成社区更新项目一览表，明确各项目所包含的细化分类、具体内容及具体做法、要求，并形成项目估算表，形成具体项目包，并确定项目包实施的先后顺序、投资估算和设计方案，指导社区建设的同时指导社区进行项目申报、立项。

此外，参与式建设还要针对各项目的居民意愿、设施风险、实施成效进行评价排序，确定实施时序（图4-27）。对"意愿迫切、易实施、见成效、建设快"的项目优先实施，并制定行动计划。

7．拟定社区管理制度

良好的社区管理制度对形成和谐社区互动共治格局至关重要，武汉主要从两个方面进行社区制度的完善，即建立长效管理运营机制和搭建信息平台、实现智慧管理。

在长效管理运营机制方面，通过包括创新多元参与机制，搭建政府、社区、社会组织共治平台，形成重大行政决策听证制度，出台"以奖代补"等项目操作实施办法（图4-28），完善社区治理架构，形成多元共治格局。此

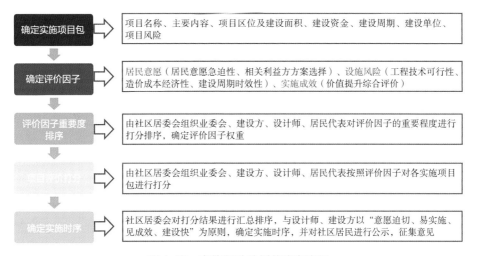

确定实施项目包	⇨	项目名称、主要内容、项目区位及建设面积、建设资金、建设周期、建设单位、项目风险
确定评价因子	⇨	居民意愿（居民意愿急迫性、相关利益方方案选择）、设施风险（工程技术可行性、造价成本经济性、建设周期时效性）、实施成效（价值提升综合评价）
评价因子重要度排序	⇨	由社区居委会组织业委会、建设方、设计师、居民代表对评价因子的重要程度进行打分排序，确定评价因子权重
项目评价打分	⇨	由社区居委会组织业委会、建设方、设计师、居民代表按照评价因子对各实施项目包进行打分
确定实施时序	⇨	社区居委会对打分结果进行汇总排序，与设计师、建设方以"意愿迫切、易实施、见成效、建设快"为原则，确定实施时序，并对社区居民进行公示，征集意见

图 4-27 实施行动计划的确定流程

创新多元参与机制
搭建政府、社区、社会组织共治平台，形成重大行政决策听证制度，出台"以奖代补"等项目操作实施办法，形成多元共治格局

培育社区自治精神
构建社区自治小组，通过建立"社区公约"、开展"我爱社区"等自治行动，激发群众共建共管热情，不断提升社区自治能力和水平

激发社会组织活力
培训社会组织，推动政府购买服务工作，引导社会组织力量积极参与社区管理服务工作。将政府大包大揽的"输血"模式转变为自我经营、自我管理的"自我造血"模式

图 4-28 长效运营项目操作实施办法

外，还包括建立社会组织参与机制和社区自治机制。在社会层面，培训社会组织，引导社会组织力量积极参与社区管理服务工作，激发社会组织活力，将政府大包大揽的"输血"模式转变为自我经营、自我管理的"自我造血"模式。在社区层面，构建社区自治小组，培育社区自治精神。通过建立"社区公约"、开展自治行动，激发群众共建共管热情，不断提升社区自治能力和水平。例如，在武汉市戈甲营社区"微改造"规划实践中，根据民意调查，以居民需求为导向，制定了社区居民文明公约，促进社区自治。

搭建信息平台和社区智慧管理平台的步骤（图4-29）分为确定平台内容、采集基础数据、平台的搭建、平台的运营维护和动态更新。信息平台的主要功能为宣传和互动，具体内容可由宣传类、互动类和视频类等构成。社区智慧管理平台主要依托数据模型，如借助CIM数据模型实现街道（街区）级信息综合集成；依托物联网技术，进行智慧设施管理、智慧交通管理等。

图 4-29 信息平台和社区智慧管理平台搭建内容

4.6.5 基于全生命周期的社区规划要点

根据各阶段特征，全生命周期理论在社区"微改造"规划的应用中应遵循以下三点：首先，在社区规划、实施、运营等过程中构建公众参与平台、挑选关键角色培育社区力量，实现"全主体参与"；其次，多元主体在社区规划、建设、管理中实现"全进程互动"；最后，社区自组织能力与品质实现"全要素提升"，最终共同形成社区共治能力与社区品质持续改善的互促格局，使社区向人性化、绿色化、共享化和可持续化方向发展，从细微处实现人民对美好生活的向往。

1．全主体参与

实现全主体参与的核心在于确定参与成员及其在社区"微改造"规划中所承担的职责。依托公众参与平台，各主体各尽其职、互相协作，达成共同的规划目标。政府作为公共资源的掌管者，也是公共政策的制定者、规划的协调者、规划实施的出资者，保障公共利益的实现。规划师由政府赋权，主要承担的职责有搭建多元主体的沟通渠道、在规划中表现居民意愿、指导规划实施等。居民是社区的主人、社区规划的主导者，社会组织是政府职能的补充者，商家也是规划实施的出资者之一。居民、社会组织、商家同为社区的主要建设者和享有者，在规划师的指导下，通过广泛参与实现对公共空间的改造与建设，是将公共空间由图纸表现变为实体的主要行动者。

2．全进程互动

在社区"微改造"规划中，应实现规划、建设、管理一体化，重点体现从社区调研、意见收集、方案设计、项目落地到后续意见反馈过程的连贯性和灵活性，通过多轮交流、座谈、访谈等互动形式，针对社区改造的痛点、难点、意象及方案达成多方共识。其中，设计师在规划方案确定后应现场指导施工，并对社区规划师、园艺师等进行实操培训。同时，后续管理过程中应构建实施反馈机制，以居民满意度作为实施改进的标准。

3．全要素提升

社区"微改造"后期应以社区基本要素为抓手，以实现社区人群、地域、设施、管理、社区文化和社会认同等各方面的提升为目的，主要包括保障社区居民满意度，形成相对稳定的社区结构；完善社区自然资源、公共服务设施、道路交通、住宅建筑等设施；形成维系社区内各类组织成员的组织管理机制；深入挖掘并展现社区文化，提升社会认同感，维护社区共同意识，即有关社区互动的社区道德规范及控制力量。

4.7 首个项目实践——武昌区戈甲营社区"微改造"规划

4.7.1 规划缘起

武汉市自然资源和规划局于2017年组织武汉市轻工设计院、武汉市编展中心开展了以"人民的美好生活"为目标的武汉市戈甲营历史社区规划试点工作。

1．社区概况

戈甲营位于武汉市武昌区粮道街，北临昙华林，南临胭脂路，是一个以居住为主的社区（图4-30）。戈甲营社区位于武昌古城核心区，是武昌千年古轴线的重要节点。社区内历史文化遗存丰富，古城肌理和历史街巷格局保留完整，传统市井生活氛围浓厚，古城文化、革命文化、宗教文化、教育文化等多元文化包容并蓄，是武汉市最具历史特色的社区之一。

社区总面积0.15km²，社区总户数3111户，总人数8088人，户籍人口6463人。其中，流动人口1625人，占社区人口的20%；在年龄构成上，60岁以上人口占25%，18～60岁人口占67%，18岁以下人口占8%。

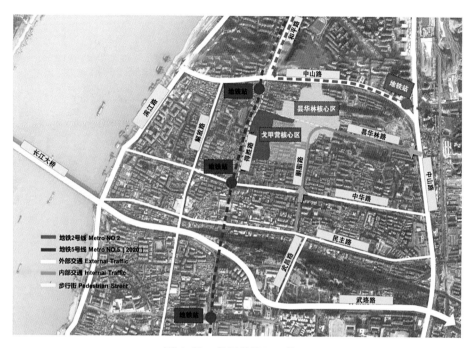

图 4-30　戈甲营社区区位图

2．社会调查结果

（1）居民基本需求总结

通过问卷及访谈得知，社区居民在收入水平、公共活动空间、基础设施方面均存在基本需求（图4-31）。

（2）群体分化与社区失落

通过调查还发现了群体分化及群体剥夺的现象，分别在社会空间、精神空间以及物理空间三类空间中呈现（图4-32）；社区失落现象也比较明显，体现在邻里关系淡漠、社区活力不足、人文印象规模小等方面（图4-33）。

（3）问题小结

通过实地调研及基础资料收集，从经济、人文、社会、物质空间四个方面对戈甲营社区现状进行总结：①经济方面，社区地理环境优越，房屋租金

提高收入水平

79%的居民在社区居住年限长达20年及以上，社区居民老龄化比例相当高；目前社区大部分居民的收入水平较低，希望收入能有所提高

增加公共活动空间

活动空间对社区居民的居住满意度影响较大；社区建筑密度非常大，达到63%，活动空间狭小，影响居民生活的品质

完善基础设施

社区老年人有增加活动的锻炼器材、夏季纳凉点等现实迫切需求，交通停车是居民和商家希望急需解决的问题，路灯照明、公厕整治、环境美化等成为迫切问题

图 4-31　居民三方面基本需求

社会空间

① 在社区建设的实然空间中，行政权力成了各种关系和活动运作的核心，本应属于社会空间的社区呈现为一种政治空间，从而产生了社会空间剥夺

精神空间

② 精神空间主要体现在与文化、热闹、亲近、氛围、阶层等词汇相关的多个方面，并且随着其物质载体的消逝而产生了精神空间剥夺

物理空间

③ 在物理空间剥夺中，主要产生了由居住、出行、活动场所等构成的生活类型空间剥夺

01 社会空间
精神空间 02
物理空间 03

图 4-32　群体分化问题在三类空间上的具体体现

邻里关系

社区公共空间被普遍侵占，居民缺乏互动的公共空间，社区邻里关系淡漠，居民被追到社区外部的公共空间实现社会交往

人文印象

绝大多数居民对戈甲营有特殊的文化印象，但是，历史文化社区仅停留在官方宣传中。对于戈甲营、太平试馆、候补街、华师旧址、天主教堂、圣约瑟学堂、花园山等这些具有重要历史文化特征和人文典故的地点，只停留在表象认知里

社区活力

社区老龄化严重，年轻人少，社区产业低端，活力不足，相比于一路之隔的昙华林繁荣景象，戈甲营显得格外落寞衰败

邻里关系

社区活力　人文印象

图 4-33　社区失落现象的具体体现

低廉，周边经济繁荣，但活力无法渗透到社区中以及带动社区发展；②人文方面，历史的军工重地、人文荟萃，近代的权贵府邸、富贵人家，现今的市井乡俗、了无生机；③社会方面，人口老龄化、居民收入低，阶层混合的居住模式演变成弱势群体为主的居住模式；④物质空间方面，普遍的环境破败，建筑老旧。

总结可知，戈甲营社区目前面临着诸多问题。戈甲营作为老旧社区的代表，上述问题也是武汉市大部分老旧社区的共性问题，传统自上而下、闭门造车、一锤定音的规划手段已无法满足当前社区居民的需求以及社会发展的需要。在解决问题的基础上，形成一套能有效传承历史社区风貌，活化传统文化氛围，化解各利益主体之间矛盾和冲突的全周期管理规划模式迫在眉睫。

4.7.2　规划思路与方法

1. 规划思路

基于现状分析研判，规划以全生命周期为核心理念，在延续和传承戈甲营历史社区的空间肌理与文化风貌的基础上，通过多方参与、共同规划的手段，统筹社区建设项目实施，引导老旧空间更新提升，弥补社区治理短板，激发社区活力，引导居民进行自我更新，并形成社区自我管理、自我经营的自治模式（图4-34）。

2. 规划方法

（1）深入社区，构建公众参与平台

构建戈甲营历史社区规划公众参与平台[25]，充分调动居民的创造力，参与到戈甲营历史社区规划设计与建设中；吸纳多元主体参与，共谋戈甲营社区发展（图4-35）。

（2）挑选关键角色，培育社区力量

社区规划师遴选：本次规划通过社区推荐、居民自荐、规划团队邀请遴选戈甲营社区规划师，并和社区规划师一起共同发现社区，提出社区问题，

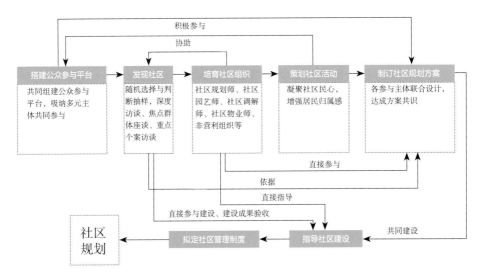

图 4-34　基于全生命周期理念的基本规划思路

图 4-35　戈甲营公众参与平台开展情况

培育社区力量。后期通过社区规划师招募令、建筑知识有奖竞答、社区园艺展等活动发现社区能人,通过"我的社区我做主""为社区困难居民送温暖""社区美化我的责任"等活动发现热心居民、居民代表,并吸纳进入社区规划工作坊。

社区规划师培训:规划团队开展了多次社区规划培训,并专门制定培训计划和培训课程。

规划理念培训:包括什么是社区规划、社区规划的目的、社区规划师的职责、国内外成功案例分享,让社区规划师从思想上认识社区规划、理解社区规划。

规划相关知识培训:通过《武汉2049远景发展战略规划》《武汉市历史文化名城保护规划(2022—2035)》《武昌古城保护与复兴规划》《武昌古城蛇山以北地区保护提升规划》《得胜桥片区修建性详细规划》等,让居民对武汉的发展有一个总体认识,让居民参与规划相关知识的学习,增强居民对建设大武汉的信心,对戈甲营复兴的信心。

规划技能培训:包括人的行为心理对规划的影响,建筑设计、建筑改造基础知识及注意事项,微地形处理、微型公共空间营造、绿化景观设计及植物、小品选择案例及原则,巷道铺装施工、绿化景观施工、建筑改造施工的工艺与技巧。

专项规划培训:包括上、下水规划技术,强、弱电防护要求,燃气管线技术要求及社区的现实困难,消防安全与自救,防灾与疏散的相关技术参数。

规划管理培训:包括城市规划的法定性,社区物业管理内容,融洽社区邻里、控制社区业态等社区治理相关内容。

培育社区力量——社区物业师、社区营造师、社区园林师等的选取与培育:为保证规划的可实施性,在遴选社区规划师的基础上,开展多种社区活动,选取社区园艺师、社区调解师、社区营造师、社区策划师、社区物业师等，让各方主体参与到社区的建设中去，形成两个转变。第一，将政府的建设经费转变为劳务报酬、奖励资金，用于支付建设参与者；第二，将政府大包大揽的"输血"模式转变为自我经营、自我管理的"自我造血"模式。缔造社区规划的长效机制，确保社区的可持续发展。

（3）多方主体全过程参与

通过线上、线下平台，居民及各方主体共同讨论，将各方意见整理、归纳、总结，联合设计，达成方案共识。在充分尊重民意的基础上，保障居民、商户全程参与规划实施，实现人民社区人民建。同时，不定期组织社区活动，激发社区活力，融洽邻里关系，提升社区共治能力。

■ 与各参与主体联合设计，达成方案共识（图4-36）。

■ 社区居民、商户参与规划实施（图4-37）。

■ 组织社区活动，提升社区共治能力（图4-38）。

■ 老城新生社交舞蹈文化周末（图4-39）。

图 4-36　戈甲营联合设计开展现场

图 4-37 项目规划实施效果

图 4-38 社区活动组织现场

图 4-39　老城新生社交舞蹈文化周末开展情况

4.7.3　总体规划方案

1. 街巷肌理

总体规划方案对戈甲营社区历史肌理进行了保护，保留了社区的多元文化和历史风貌（图4-40）。

2. 规划结构——形成两横一纵的社区动线和四条社区静线

规划充分挖掘了社区历史、活化社区文化，结合历史肌理和居民的活动特点，重点打通"两横一纵"三条主要历史街巷（图4-41），串联大部分历史文化遗产，作为展示社区文化特色的历史之径和主要公共活动空间；同时，在社区内部打开若干微空间，通过街巷串联形成四条支线，并连通得胜桥等外部道路，满足居民日常生活休闲和出行需求（图4-42）。

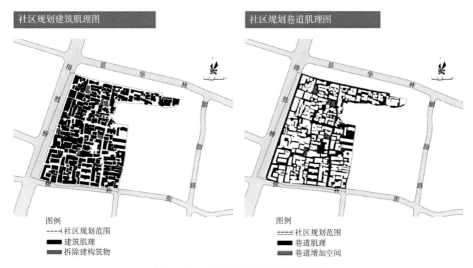

图 4-40　戈甲营社区规划肌理图

图 4-41　戈甲营社区规划结构图

图 4-42　戈甲营社区规划总平面

3．一期设计方案节点一览

设计方案充分尊重历史要素，采用新旧结合、相互交融的方式，梳理巷弄，打造小型开放空间，增加社区服务功能，从而提升项目整体价值，打造戈甲营社区的新形象（图4-43）。

4．场所特色标识

场所特色标识将"戈"进行结构演变，形成一套具有场地特色的系统标识，并与建筑体系色彩搭配，将标识系统的主色调定为浅褐色和深灰色（图4-44）。

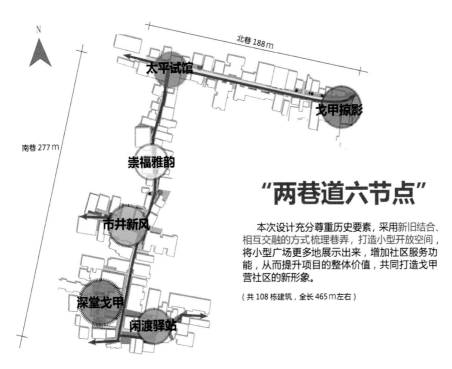

"两巷道六节点"

本次设计充分尊重历史要素，采用新旧结合、相互交融的方式梳理巷弄，打造小型开放空间，将小型广场更多地展示出来，增加社区服务功能，从而提升项目的整体价值，共同打造戈甲营社区的新形象。

（共108栋建筑，全长465m左右）

图 4-43　"两巷道六节点"分布图

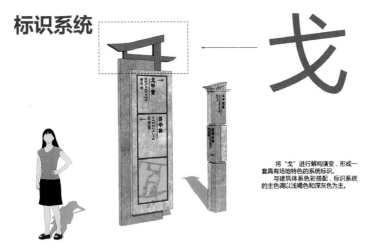

将"戈"进行解构演变，形成一套具有场地特色的系统标识。
与建筑体系色彩搭配，标识系统的主色调以浅褐色和深灰色为主。

图 4-44　标识系统设计图

5．形成各方认可的项目包（表 4-7）

戈甲营社区建设项目包　　　　　　　　　　　表 4-7

序号	项目名称		项目内容	居民诉求占比（%）	项目认同度	对社区品质提升的贡献度	建设实施优先级
1	一	建筑改造	平改坡，改善房屋漏水状况	50	高	中	优
2			墙面美化，改善墙面渗水	41	高	高	优
3			更换无烟灶台，改善社区油烟环境	34	中	高	次
4	二	道路及停车	加建停车场	70	高	高	优
5			慢行步道建设	16	中	高	次
6	三	市政基础设施	给水和污水设施改造	41	高	高	优
7			电力电信设施整治	23	中	高	优
8			灯光照明	38	中	高	优
9			改善社区卫生环卫设施	48	高	高	优
10	四	公共服务设施及绿化	增加街头小广场、小绿地	23	中	中	次
11			陈旧设施替换更新	68	高	高	优
12			增加儿童游乐场地	32	中	中	优
13			增加休憩座椅等便捷设施	27	中	中	优
14			增加广场舞场地或健身场地	8.6	低	高	次

4.7.4　建立长效机制

1．保护社区肌理——制定戈甲营社区建筑空间改造策略

以保护社区肌理为重点，针对不同空间问题制定八类空间改造策略

（图4-45），主要包括废弃传统建筑功能置换、细化建筑体量、以奖代补、保护产权界限、修补建筑细节等方面[26, 27]。

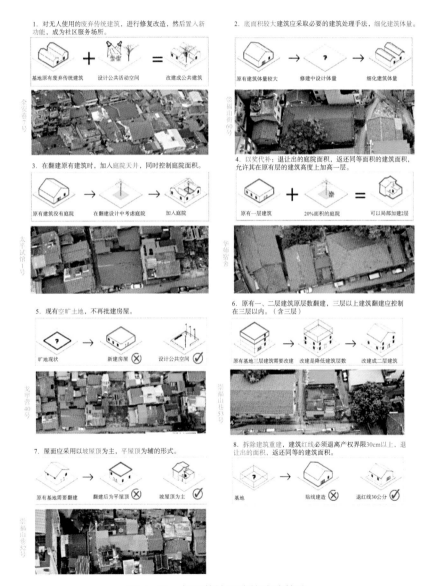

图 4-45　戈甲营社区建筑改造策略

2．形成社区公约——制定社区居民生活公约

根据民意调查形成社区项目包、投票决定项目包实施先后顺序、项目包方案设计、方案公示征询民意、方案修改、方案公示、项目立项、发动居民参与项目建设、鼓励居民认领管理区域参与社区管理、制定以奖代补政策、形成社区居民生活公约（图4-46）。

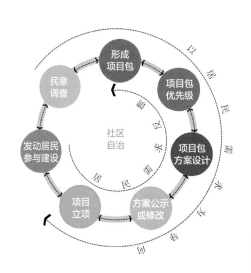

图 4-46　社区居民生活公约制定流程及内容

3．建立社区运营机制

（1）社区管理

社区管理内容包括社区规划师驻点常态化、规划师定期入驻、改变规划师角色、形成社区理事会以及项目准入等方面。

■ 社区规划师驻点常态化

保证工作坊驻点可随时接受居民咨询，收集居民意见及建议。

■ 规划师定期入驻

设计单位每周定期派专业规划师驻点戈甲营社区与社区规划师进行

对接，策划活动、展示规划成果，同时接受居民咨询，收集居民意见及建议。

■ 以居民需求为导向改变规划师角色

规划师是居民规划意图的表现者和技术指导者，规划征询相关主体及居民意见和建议由规划师进行汇总形成规划方案，方案提交工作坊接受讨论，最终成果进行公示。

■ 创新社区管理形成社区理事会

当社区发展进入常态化，社区规划师能独自担当社区规划工作后，工作坊的职能也逐渐由技术指导转向社区治理，形成社区理事会。社区理事会由街道主管领导任理事长，社区领导任常任理事，其他相关主体任理事，形成"居民—理事会—政府"的沟通对接模式。

社区理事会下辖居民代表协会、业主协会和文创协会三个部分，居民代表协会主要由社区和居民组成，负责监督企业行为、筛选入驻企业，对社区居民进行义务帮扶，对社区进行治安巡逻，对社区公共设施进行添置、更换、维修等；业主协会主要由企业业主组成，主要负责企业的卫生管理、消防检查、价格核定、店铺租金控制等；文创协会主要由艺术家和街道办事处组成，主要负责市场运营、文化创意和游客服务。在社区理事会中社区规划师作为社区规划的技术顾问参与其中。

■ 项目准入

研究制定《社区内工商注册登记指南》，规范社区市场经营行为；研究制定《社区创新产业集聚区产业导向目录》，建立社区行业准入机制，明确进驻产业的鼓励、限制和禁止类标准。

（2）社区建设

践行规划、建设一体化，设计师现场指导施工，对社区规划师、社区园艺师等进行实操培训。构建实施反馈机制，以居民满意度作为实施改进的标准。

4.7.5 项目经验总结

1．规划特色

（1）首个全生命周期理念应用案例

戈甲营社区"微改造"规划汇聚多方力量，创新性地形成了武汉市首个以全生命周期为理念、多方协同参与的社区规划范例。

（2）最大限度唤醒社区历史文化

作为武汉市目前唯一最大限度保留原居民的历史社区规划试点，将历史地段的历史保护、居民住房的改善与社区的综合发展相结合，在保护社区历史肌理、传统格局、人文风貌的基础上，保留了社区的居住功能和文化资源，延续了社会网络，增加了居民参与社区事务积极主动性，唤起了居民的文化意识。

（3）创新资金筹措方式

项目出台了"以奖代补""社区业态准入机制"等相关政策，汇集各条线的资金，将政府大包大揽的"输血"模式转变为自我经营、自我管理的"自我造血"模式，重新激发了社区活力，活化了社区文化。

2．规划实施

（1）空间方面

通过资产收购置换、长期租赁等方式，在保护现有社区历史文脉和文化的前提下，引入一些大师工作室、艺术工作坊等文化类企业，与古城历史文化基因相得益彰，实现居民生活改善、传统文脉延续、发展动能转换共赢。

（2）社会治理方面

在充分发挥政府统筹和规划引领作用的前提下，探索社区主体下的多方联动机制，以社区为基本单位搭建协商议事的工作平台，建立了以社区党组织为核心、居民委员会为基础、社区居民为主体，以及规划、民政等部门与规划设计机构为媒介和平台，引导多方力量参与互助的规划协商议事体系和规则。

凝练武汉经验

第5章

武汉市社区"微改造"共筑平台

通过理论、实例、实践经验的积累，2018—2019年武汉市在戈甲营等社区项目试点的成功经验基础之上，逐步探索出社区"微改造"规划的新模式。

其关键内容即通过共参、共治、共建的核心目标，构建以全生命周期理念为理论基础的社区"微改造"共筑平台，并由点及面全过程组织和参与了劝业场社区、循礼社区等十余个社区"微改造"规划试点工作，制定武汉市社区"微改造"规划导则，此部分为使用指南时的重点参考部分。

5.1 搭建武汉市社区"微改造"共筑平台

武汉市自然资源和规划局创新性地搭建了武汉市社区"微改造"规划共筑平台，并基于"统筹对接、培育孵化、交流粘合、后规划实施"四大理念，组织开展了一系列的社区行动规划（图5-1）。

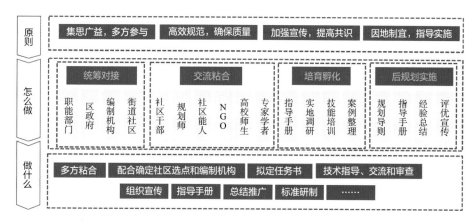

图 5-1　武汉市社区"微改造"共筑平台搭建流程

5.1.1　统筹对接阶段

通过组织全市社区规划项目推介会（图5-2），推动武汉市市、区两级联合的共编、共审、共管机制，同时，也达成了凝聚多方力量上下联动、共同协作的武汉市社区"微改造"工作模式。

图 5-2　统筹对接阶段——武汉市社区规划项目推介会

5.1.2 培育孵化阶段

通过赋能培训、专题考察等方式（图5-3），让各方理解社区"微改造"规划的关注重点和工作要点。

图 5-3 培育孵化阶段——赋能培训、专题考察等

5.1.3 交流粘合

通过组织社区、设计机构等多方全过程参与社区规划，多方共同交流讨论（图5-4），就社区建设中的难点和痛点进行商榷和判断，对社区"微改造"重点和时序达成共识。

5.1.4 后规划实施

建立创新社区"微改造"规划审批模式，"编制机构+社区代表"共同汇报，"区政府+规划部门+专家+市民代表+媒体"共同评选，创建"空间形态+人文关怀+多方共筑"多元评审体系。在规划编制工作完成后，大力推动市、区联合审查，促进各区将社区"微改造"经费纳入区城建计划，平台的构建有效推动了戈甲营、循礼等老旧社区改造实施；并在《长江日报》与"众规武汉"等多家媒体上进行了宣传推广，让更多社区和居民参与到社区改造工作中（图5-5）。

图 5-4 交流粘合阶段——多方参与、交流讨论

图 5-5 后规划实施阶段——多元评审、宣传推广

5.2　全市试点社区案例精选

　　本节从14个试点社区中节选具有代表性的社区（劝业场社区、青翠苑社区以及循礼社区），以问题导向的思路详细阐述全生命周期理念在社区"微改造"规划中的实际应用，为将来新一轮周期的社区"微改造"提供经验与思路。

5.2.1　劝业场社区

1. 社区概况

　　劝业场社区属于洪山区珞南街道，地处洪山区与武昌区交界处、武汉大学及二环线西侧（图5-6），区位及交通优势明显，周边资源丰

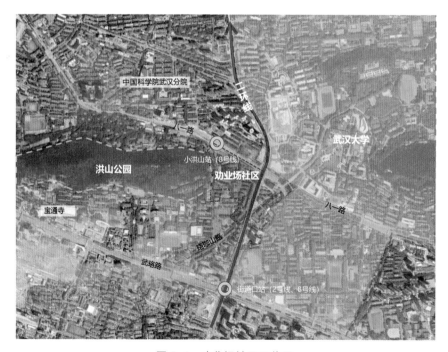

图 5-6　劝业场社区区位图

富。该社区总共包括街道口荣泰小区、市政宿舍、工农湾小区等几大建成片区。

2．现状判读与问题发掘

（1）共性问题

■ 物质空间问题

消防隐患——消防通道堵塞，消防设施缺乏；

交通失序——人车矛盾冲突大，缺乏停车空间；

公共空间匮乏——缺少供游憩交流的室外场地；

设施不足——市政设施老化，公共服务设施缺乏；

风貌缺失——建筑质量差，存在违建建筑，缺乏景观营造。

■ 社会空间问题

社区管理系统不完善——无业委会和物业；

业态档次低且缺乏规范管理——低端零售、服务人群有限且环境较差。

（2）特性问题

劝业场社区的特性问题表现为内部权属复杂、地理区位独特、居民结构特殊（图5-7）。

（3）社群问题

■ 基本需求分析

各片区需求略有不同，绝大部分居民均有器械锻炼需求。荣泰小区及市政宿舍居民对乒乓球等球类活动、跑步、器械锻炼比较感兴趣，而工农湾居民则对器械锻炼及广场舞的兴趣较大（图5-8）。

■ 儿童需求分析

儿童急需趣味、安全、干净的游憩空间和趣味设施。车辆频繁通行、暗空间、不安全高地和脏乱空间是造成儿童抗拒活动的主要因素（图5-9）。

■ 租户需求分析

居民缺乏邻里交往的开敞空间。租户的社区融入情况显示样本中租户比

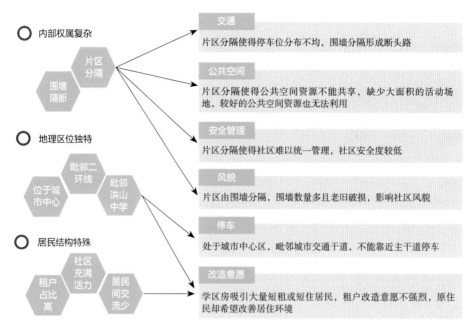

图 5-7 劝业场社区特性问题

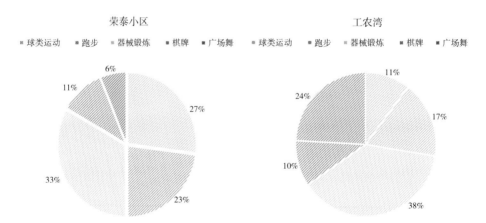

图 5-8 居民基本需求分析

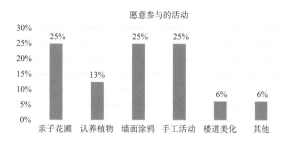

抗拒要素：
①车辆频繁通行
②暗空间
③不安全高地
④脏乱空间

吸引要素：
①趣味儿童设施
②安全步道空间
③参与式益智活动

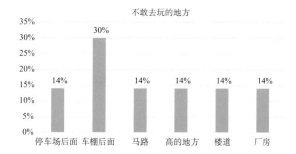

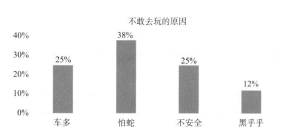

图 5-9　儿童需求及活动影响因素分析

例为43%;超过60%的租户表示3年之内会搬离小区;将近半数的租户与邻居交往较少,30%的租户表示完全融入社区生活(图5-10)。

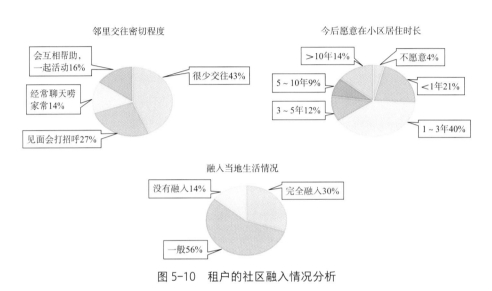

图 5-10　租户的社区融入情况分析

■ 内部空间割裂现象

社区内部社会交往与空间融合度较低(表5-1)。

隔断空间和隔断原因一览表		表 5-1
产生隔断社区空间	空间属性	隔断原因
荣泰小区	拆迁还建住房	□ 户主多搬离至别处居住,租户比例大且流动率高,家园意识薄弱 □ 长久无物业管理,建筑与周边环境质量较差,居民归属感低
地震局宿舍	单位住房	□ 用地与住宅权属于武昌区,有独立门禁与物业管理,与外界居民交流较少
市政桥梁公司办公院	单位办公	□ 用地权属于武汉市政桥梁公司,不供给社区使用
省专用通信局办公院	单位办公	□ 属于保密单位,禁止无关人员入内

续表

产生隔断社区空间	空间属性	隔断原因
工农湾自建住房区	集体土地	☐ 房屋自建自修 ☐ 租户比例大且流动率高，家园意识薄弱
占为私用的公共空间	违规搭建	☐ 缺乏物业监督与管理，未能及时清除 ☐ 建筑质量与视觉效应差

①本地居民之间社会交往融合度低，影响社区和谐。

因住房来自不同单位权属用地，各组团空间上有围墙分隔，阻隔了居民交往。本地居民也会因为房租的价格标准、养狗噪声与卫生等问题，如A家的狗狗大便影响了B家的门前卫生，而发生不愉快。

②居民参与社区管理意识淡薄，缺乏归属感。

因加入信息公布消息群的居民较少，社区组织的活动推广度很低。居民反馈给居委会的，如房屋漏水、老化电线等问题长期得不到解决，以致居民对社区居委会产生信任危机。

③业主与外来租户社会交往融合度低。

外来人员认为"我是个他乡客"，缺乏社区融合的意识。部分本地居民认为社区只是自己通过出租房屋获取经济来源的、被大多数外来人员"占据"的物理空间，而自己长期居住的地方才有社区的实际意义（图5-11）。

■ 内部空间割裂原因总结

①核心影响因素：单位制。

计划经济时期的单位制居住片区特征包括：身份同质性——生产和生活在制度上是统一的，甚至在空间上也是一体的；内部认同感——居民在社会经济特征上差异不大，居民之间或者因同一"单位"而熟悉，或者因世代为邻而熟悉；内部封闭性——人们的各种需求都是通过工作单位来满足，对外需求与联系较少。

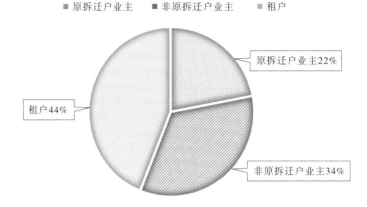

图 5-11　小区住户类型分析

②核心影响因素：社区异质性。

横向与纵向分化：市场经济发展与住房商品化使社区居民在语言、文化、宗教、职业等领域的特征产生横向分化，在收入、财富、教育等资源占有上产生纵向分化。

高流动性：热度较高的租房市场使社区业主更替频繁，租户流动率高，内部街坊（邻居）不再是同一宗亲或世代为邻的熟人，而是不断变换的"生人"。

3．解决思路与措施

考虑社区在改造过程中面临的问题：居民改造意愿、接受的程度、不同单位之间的协调，以及政府投资力度，将改造内容按照可实施难易程度进行分类（图5-12）。

（1）全周期三大改造阶段理念

■　低冲击改造

低冲击改造来源于低影响开发，原本为新的雨洪管理理念，减少开发对自然环境的影响，现在应用为减少社区改造对居民日常生活的影响。

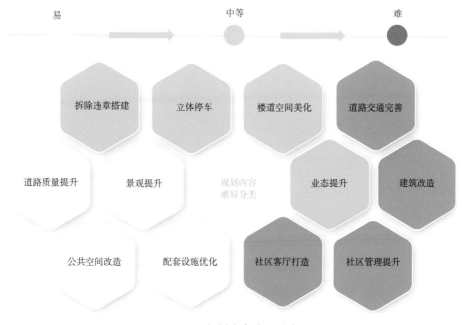

图 5-12　规划内容难易分类图

■　中等冲击改造

中等冲击改造在低冲击理念的基础上，改造内容可能触及部分居民或单位的利益，以保障大多数居民基本需求为目的。

■　全面改造

以全面提升社区居住品质为出发点，可能涉及大部分居民或单位的利益，以全面提升空间环境质量为目的（图5-13）。

在面临社区特有问题的基础上，按照可实施难易程度及影响程度大小进行分阶段规划（图5-14）。

（2）搭建公众参与平台

构建劝业场社区规划公众参与平台，充分调动居民参与社区规划设计与建设的积极性，共谋劝业场社区发展。

图 5-13 按实施难易程度划分为三大改造阶段

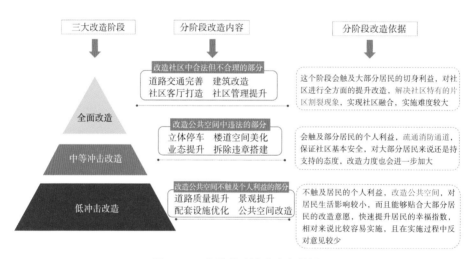

图 5-14 分阶段改造内容和依据

■ 人员构成

①工作坊成员遴选原则。

以群众视角提出需求和建议,抓住社区改造的重点和痛点;以专业视角来解决群众关注的社区问题,把控社区的综合提升。

②工作坊工作原则。

人人都是规划师:共同行动,找出社区问题;共同描绘,讨论规划方案；共同推进，共建美好未来。

③劝业场社区工作坊成员构成。

规划者：具备专业视野的"专业人士"，包括武汉大学规划团队、后期遴选出的社区规划师以及艺术家和专业学者等。具有专业技能，能制订相关方案，为社区出谋划策，举办筹划工作坊各项活动。

管理者：具备协调能力的"社区工作者"，包括劝业场社区居委会、珞南街道办事处、其他政府相关部门等的工作人员。能够协助规划师组织活动，为各项活动提供场地、资金等保障。

群众：有参与热忱的"社区土著"，包括社区居民代表、商家代表等。具有一定的素质和工作能力，在工作坊各项规划活动中发挥参与作用（图5-15）。

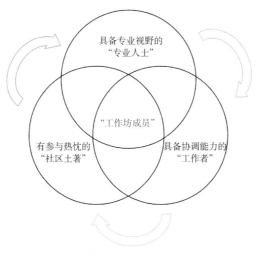

图 5-15　工作坊成员构成

■ 工作流程

劝业场社区工作坊从2019年3月开始，深入社区内部调研与访谈；与居民、商家、政府开展多次交流会，找寻有热忱、有能力的居民代表等参加工作坊的活动，同步在社区内部举办活动及进行方案设计；多方利益群体面对面，推动规划的实施（图5-16）。

图 5-16 社区工作坊工作流程

■ 工作内容

①多方利益主体面对面宣传与意见交流。

该阶段的准备工作以"调研—居民意见收集"为主，通过与居民面对面沟通，向其普及社区规划相关知识，同时发掘有热忱、有一定工作能力的居民，并询问其后期参与工作的意愿，进行工作坊组建的人员搜寻。

社区居民代表议事会：通过参加社区党员讨论会的形式，初步与居民形成联系，为后续工作坊建立提供群众基础。

入户访谈宣传交流：进行全面踏勘，对每家每户进行问卷访谈，向居民普及社区改造事务。

社区管委会座谈会：与社区管委会进行初步方案讨论及统筹工作安排。

②面对面方案交流与展示。

该阶段的准备工作以"方案面对面交流"为主，通过与居民面对面沟通方案细节，切实将居民需求体现在方案设计上。

室外公共空间方案展示：在社区组织露天展场，展示社区改造初步方案，与居民面对面交流，招揽工作坊成员。

初步方案成果交流会：与社区管委会和居民代表开展初步项目座谈会，进行初步方案交流及居民意见反馈，对方案进行修改与调整。

终期方案成果交流会：与社区管委会和居民代表开展终期方案汇报及项目座谈会。

③利用社区网格员及组建微信群形式进行线上方案交流、居民意见反馈及项目库、方案投票。

（3）发掘社区共筑力量

调研中发现劝业场社区居民有改造家园的迫切需求和参与规划的强烈意愿，超过20%的居民表示愿意参与活动策划，30%的居民愿意参与社区管理与监督（图5-17）。

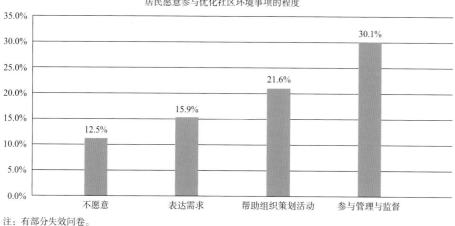

居民愿意参与优化社区环境事项的程度

注：有部分失效问卷。

图 5-17　居民改造需求意愿调查

（4）指导社区建设

通过多部门协调，分类型、分片区建立建设项目包，明确重点事项，建立低冲击改造项目包并进行造价估算（表5-2、表5-3）。经估算总造价为301万~310万元，项目包括道路质量提升、景观提升、配套设施优化、公共空间改造、交通优化以及楼道美化等。例如，道路质量提升包括道路平整、增设道闸和停车场，总造价约167万元（表5-4）。

分类型建设项目一览表　　　　　　　　　　表 5-2

项目类型	重点事项
交通管理与停车引导	周边地下停车场错时共享停车位
	消防通道管理
	道闸长期管理费用
	立体停车库
物业服务	—
空间与资源整合	地震局的宅间用地、小广场用地、印刷厂小游园（用地权属于武昌区中国科学院武汉分院）、市政宿舍庭院空间、省邮电干校小游园
设施优化	老化电线入地
	水管破损维护
	化粪池疏通
其他	洪山资源共享
	结合地铁过境扩展地下停车空间
	社区内夜市管理
	水泵房二次供水选点位置

分片区建设项目一览表　　　　　　　　　　表 5-3

片区	重点事项
荣泰小区	☐ 五栋、九栋前化粪池堵塞，污水回流至住户家中，需要整体疏通
	☐ 老化电线下地处理，以免产生火灾隐患
	☐ 提升五栋前的楼梯与扶手质量 ☐ 星星幼儿园场地与健身设施场地做地面铺装与色彩优化处理，并植入幼儿与老人游憩设施 ☐ 在环五栋、九栋的步行通道置入景观要素与休息设施
	☐ 改造荣泰小区废弃水泵房，修建立体停车库
市政桥梁公司办公院与居民楼间道路	☐ 片区出入口处设施车辆通行门禁，管理外来停车 ☐ 荣泰五栋旁空地设置立体停车库 ☐ 办公院落与居民共享停车空间 ☐ 叠加入口花坛的使用功能并限制花坛旁步行道车辆通行
工农湾自建住房区	☐ 19 号住房前步行道平整度提升 ☐ 部分步行空间疏通与立面优化
省邮电干校	☐ 坡顶小游园围墙处开设提高居民可达性的入口
洪山中学	☐ 操场下设置公共地下停车场 ☐ 居民楼间空地设置规范化管理的社区花园与休憩设施 ☐ 拆除与民政楼之间的围墙或增设出入门廊，方便社区统一管理
地震局宿舍与印刷厂小游园	☐ 高差陡坎做墙面美化处理 ☐ 公共游憩空间置入主题功能，并共享给社区居民使用
洪福巷	☐ 禁止路边停车，留出充足消防安全空间
社区周边停车场（珞珈国际地下停车场、地震局与三峡农商银行停车场、科创大厦停车场、瑞安酒店停车场、中科开物停车场）	☐ 与社区居民实行错时停车共享

道路质量提升工程预算表　　　　　　　　　表 5-4

项目名称	改造内容		单价	各项工程预算（万元）	合计
道路工程	道路平整	4500m²	200 元 /m²	90	167 万元
	道闸设备	1 个	10000 元 / 个	1	
	道闸长效管理	5 年	10000 元 /（月·个）	60	
	道闸设备维修	5 年	1000 元 / 月	6	
	非机动车停车棚	8 个共 300m²	200 元 /m²	6	
	非机动车充电桩	8 个 10 路充电桩	5000 元 /10 路充电桩	4	

5.2.2　青翠苑社区

1. 社区概况

青翠苑社区位于青山区与洪山区交汇处，建于1997年，是青山区最早建设的经济适用房之一。其规划用地面积约19hm²，通过横、纵两条断头路，将社区分隔为5个院落，其中只有北边的2号院有物业管理。社区总人口约7500人，包含一所小学、一所幼儿园（图5-18）。

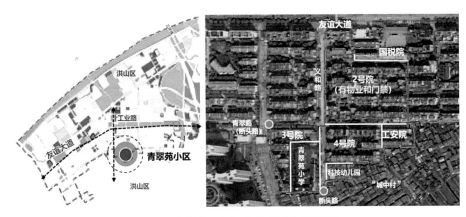

图 5-18　青翠苑社区区位和用地权属示意图

2. 现状判读与问题发掘

青翠苑社区使用"AI图像识别""大数据分析"等新技术，精准化地识别居民活动、交通出行和空间环境三大特征及问题。

（1）社区活动特征

以"短距离、休闲交流活动"为主，养老、文化休闲等公共设施缺乏。

■ 社区住户主要为早期经济适用房居民，60岁以上人口占31.2%，老龄化比例高。

■ 基于手机信令和腾讯"宜出行"大数据的居民活动轨迹分析，居民活动范围以社区内及周边500m范围为主（图5-19）。

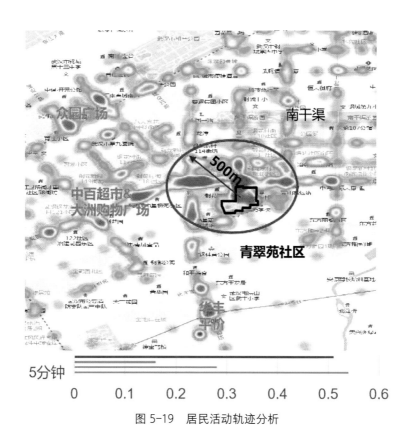

图 5-19　居民活动轨迹分析

■ 利用"猫眼象限"程序追踪空间居民活动特点，判断社区居民主要开展聊天、文娱、亲子、健身四大类活动。

■ 基于POI大数据的社区10/15分钟生活圈评估，青翠苑社区的老年设施较为缺乏（表5-5）。

基于 POI 大数据的生活圈设施评估一览表　　　　表 5-5

问题	项目	15 分钟生活圈内容	10 分钟生活圈内容	15 分钟生活圈数量	10 分钟生活圈数量
公共设施部分缺失	初中、高中或完全中学	▲		1	1
	小学		▲	5	3
	体育馆（场）	△		5	1
	大型球类场地组合、中型球类场地组合	▲	▲	0	0
	卫生服务中心（社区医院）	▲		7	5
	养老院（含残疾人托养所）	▲		0	0
	老年护理院	▲		0	0
	老年日间照料中心（托老院）		▲	0	0
	文化活动中心（含青少年、老年活动中心）	▲		2	1
商业设施充足	商业设施	▲	▲	186	78
	菜市场		▲	5	3
	健身房	△	△	1	1
	餐饮设施	▲	▲	413	233
	银行营业网点	▲	▲	14	6
	电信、邮电营业网点	▲	▲	9	2
	邮政支局（所）			2	1
	其他（快递集散设施）	△	△	40	27

注：▲为应配建项目，△为根据实际情况按需配建项目。

（2）交通出行特征

人车争地，交通疏导不畅，无组织停车严重挤占了公共活动空间。

■ 利用无人机扫拍技术进行全社区多轮拍摄，识别无组织停车占用居民步行活动空间。停车供需比约为1∶20，大量的非正式停车严重压缩了社区公共空间。

■ 对重点地区，利用"摄像头蹲拍"，发现早、晚高峰学校门口人口密度最大（图5-20），存在机动车、非机动车疏导困难的问题，影响儿童和居民出行安全。

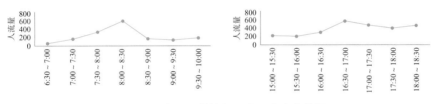

图 5-20 上、下学校门口人口密度变化图

（3）空间环境特征

品质不佳，场地集中度不足，不能满足居民日常活动诉求。

■ 采用多种场地量化分析技术，对社区场地进行风、光、绿等多维度分析，结果显示：社区采用行列式建筑布局，通风效果较好；社区内满足日照2小时的室外场地占比为31.2%；绿地率为22.1%，略低于周边社区；社区内场地（除建筑、道路外）面积为1.14万㎡，仅占社区总用地的16.93%（图5-21）。社区空间存在日照不足、绿化效果不佳、活动场地较为缺乏等问题。

■ 结合"现场访谈""问卷调查"，通过"广撒网—精挑选—补漏洞"，全面了解居民对日常生活设施的需求。

① "广撒网"：利用其参与门槛低、自由度高的特点，最大化征求居民意见，并宣传本次规划。

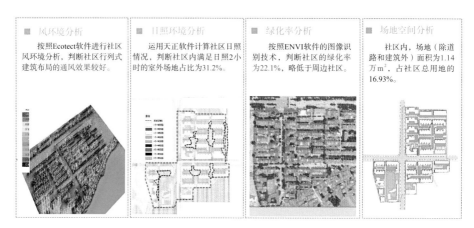

图 5-21 多维度场地量化分析

②"精挑选"：结合社区人群特点，精心挑选出覆盖社区各类人群的代表，进行访谈和问卷填写。

③"补漏洞"：结合访谈结果，针对实际情况，使用专业软件辅助，进行"针灸"式定点详查调研。

（4）小结

对青翠苑社区现状调研结果分析后系统总结如下。

青翠苑社区空间尺度适中、公共空间略有不足，主要问题是公共空间失序，影响其原本应该发挥的居民日常休憩社交等功能；由于停车供需矛盾，社区内外停车长时间占用公共空间，停车是居民反映最多的问题，也是对社区公共空间品质影响最大的因素。

环境品质亟待改善，社区内植被缺乏有效养护，公共空间配置的景观小品多数都较为破旧，宅前绿地和开放空间被停车等碾压破坏，部分公共空间状态荒芜没有有效利用；夜间照明情况需要改善，尤其是中心绿地附近；部分设施如座椅等配置存在不足，没有儿童游玩设施，设施破败和闲置现象较为普遍，影响了社区活力。社区老年化比例较高，缺乏适老化设施，此外，整个社区没有老年活动室和日间照料中心，部分需求无法得到满足。

3.解决思路与措施

（1）创新式联合设计

组建"社区居民+社会组织+规划师"社区工作坊，创新开展联合设计。工作坊每两周集中研讨一次，针对关注问题和设计方案进行研讨。

■ 定问题

发动居民对现状问题急迫程度进行投票，居民选出公共厕所、集中晾晒场地、社区内部停车等若干项急需重点解决的问题（表5-6）。

现状问题分类及急迫程度　　　　　　　表 5-6

类别	分类及急迫程度（居民投票结果）					
公共服务设施	养老服务用房	公共厕所	晾晒设施	文化设施	体育设施	亲子设施
		优先	优先			
交通及停车	步行环境改善	沿街停车清理	幼托和小学门前交通疏导	社区内部停车梳理		
		优先		优先		
社区空间	场地破损	绿化提升	消极空间改造	公共空间扩增		
				优先		

■ 定思路

通过"会议讨论+现场核对"，确定了社区规划方案思路：以"交通疏导"为切入点，释放被交通占用的低效空间，用于增补社区公共服务设施、提升社区公共环境和整体品质（图5-22）。

■ 定草图

通过深度改造、中度改造和轻度改造的多方案比选，以及工作坊、普通居民、政府部门的多方意见征集，确定设计方案草图（图5-23）。

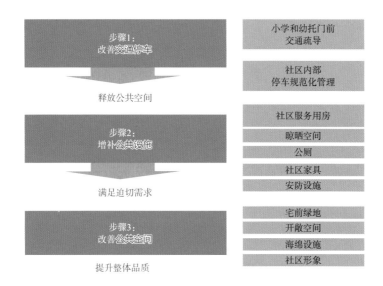

图 5-22　规划方案思路

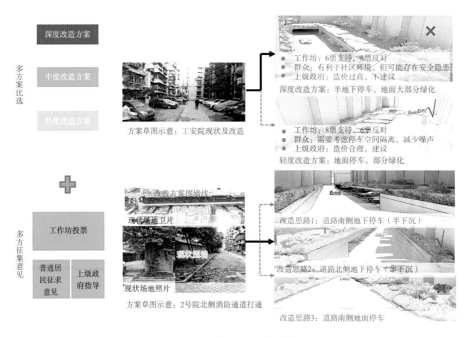

图 5-23　方案草图确定流程

（2）定制化深化设计

结合将青翠苑社区打造成为武汉市适老型老旧社区改造示范的目标，制定了"交通微循环""设施微更新""空间'微改造'"三大策略，并逐一落实到规划总平面（图5-24）。

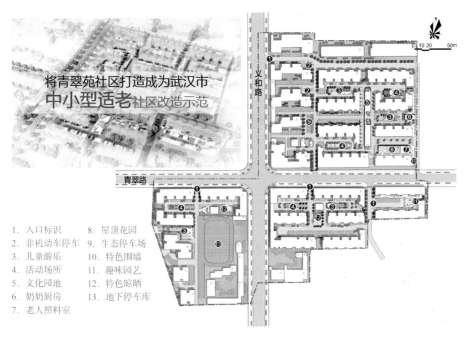

1. 入口标识   8. 屋顶花园
2. 非机动车停车   9. 生态停车场
3. 儿童游乐   10. 特色围墙
4. 活动场所   11. 趣味园艺
5. 文化园地   12. 特色晾晒
6. 奶奶厨房   13. 地下停车库
7. 老人照料室

图 5-24 青翠苑社区总平面图

■ 交通微循环

在内部停车方面，社区内部首先贯通安全通道，打通1处现有消防通道，增设2处消防紧急出入口，形成畅通的消防安全通道体系。其次促进人车分行，迁出约116个非正式停车位，集中保留并划线140个停车位，促进小区内人车合理分区，给予设施和空间改造更新充足空间（表5-7）。

现状停车位和规划停车位统计　　　　　　　表 5-7

名称	现状停车数量（无停车位）	规划停车数量（有停车位）	备注
2号院	70 ~ 116（只有 11 个正式停车位）	80	现状收费
3号院	40 ~ 70	25	现状不收费
4号院	20 ~ 40	25	
工安院	10 ~ 30	10	
小计	256	140（迁出 116）	—

在社区外部周边，重点梳理小学和幼托门前交通拥堵问题，对于机动车接送，建议门前划定禁停区，避免倒车阻塞交通；打通西侧断头路，构建通畅接送线路，实现快停快走，练车场的空地临时停车，保障接送停驻。对于非机动车，通过设置临时路障、围栏、标识引导，划定单独接送线路。

最后是增加远期停车位，建议在小学操场下集中规划地下停车场，含140个停车位，满足社区及周边停车需要。

■ 设施微更新

首先，增补专属性服务用房，包括：基于之前的分析评价，对人群活动最密集的中央休闲廊架区域进行改造，升级为双层文化活动长廊（图5-25），增补文化活动空间。

结合对废弃、空闲空间的盘整，扩建社区现有服务中心用房，改造1处闲置用房为社区餐厅，补足社区生活圈设施短板。上述3项设计总计增补约300m²的服务用房。

其次，对紧缺型生活设施进行考虑，结合日照分析，采取集中式、边角式和复合式等方式，挖潜4处约400m²布置兼顾日照和美观的晾晒空间；根据居民投票，布局5处移动公厕，满足居民急切生活需求。

最后，完善多样型社区家具，通过优化社区家具布局，对座椅、垃圾

改造现有的风雨走廊，重新设计为2层复合空间。

改建后长廊一层仍与现有亭廊功能一致，二楼增设约130m²用房，主要为居民提供文艺娱乐、图书阅览等文化活动空间

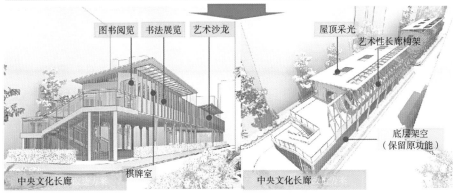

图 5-25　中央休闲长廊（新建型）

桶、灯具以及智慧安防设施进行统一安排。

（3）空间"微改造"

■ 复合化

根据前述分析的场地零散而居民活动动静皆有的特点，对社区4处主要宅前绿地提出动静结合的改造模式。动区，增补健身器械、乒乓球等体育设施；静区，增补花廊、休闲座椅等休憩设施。

同样，根据前述分析的居民活动存在多人群复合的特点，对社区2处开敞空间按照老幼共享理念进行设计，分别布置了儿童游乐和老年休憩设施，实现多类人群空间共享、老友守望（图5-26）。

图 5-26　老幼共享型公共空间"微改造"

■ 海绵化

设计手法中运用了下沉绿地、雨水花园、透水铺装等技术（图5-27）。

■ 品质化

社区风貌品质化改造体现在对现状建筑提出立面翻新、线网入槽、设施无障碍设计、预留加装电梯空间等措施并设置特色化的标志（图5-28），突出社区特色。

（4）有效化实施建议

实施建议包括三个方面，针对实施部门，建立项目库，将上述规划设计转换为三个大类七个小类的实施项目库，建设成本初步计算约1200万元。

完善物业，针对现状部分院落无物业情况，提出规范停车有偿收费，逐步实现物业全覆盖，同时制定社区服务换取停车积分的激励机制，提升社区居民积极性（图5-29）。

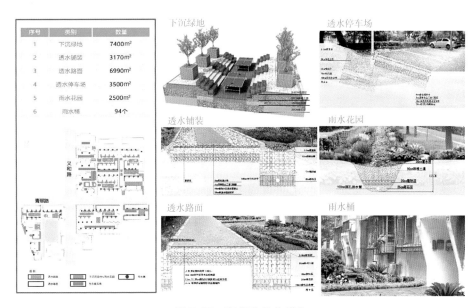

图 5-27 海绵化具体措施

图 5-28 社区风貌特色标志

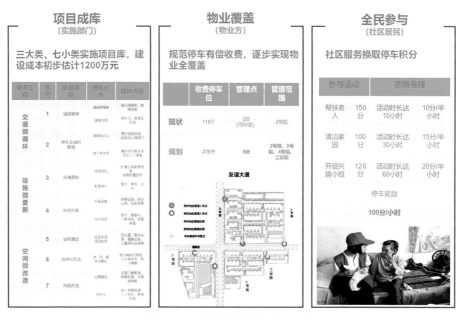

图 5-29　有效性实施方项目一览

5.2.3 循礼社区

武汉市江汉区循礼社区规划项目通过四个依次推进的阶段和系列活动的开展，寻求现状问题、改造方向、规划设计方案上的共识，推进共谋、共建、共治、共享与共维护。

1. 社区概况

循礼社区位于武汉市江汉区新华路循礼门87号，在新华街道东南侧，社区南临城市主干道解放大道，东临城市支路江汉北路，且地铁2号线穿过本社区。其前身是早期该地的循礼村、西马村与河南棚子。1980年代初期，对三个村进行了平房、单位公房的就地还建，1985—1989年陆续有居民入住，形成了今天的循礼社区（图5-30）。

2. 现状判读与问题发掘

经过系统调研，循礼社区现状问题主要集中在道路交通、公共空间、公

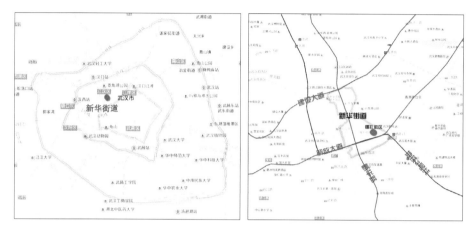

图 5-30 循礼社区区位图

共服务设施、市政服务设施、景观环境、社区商业网点、社区私搭乱建等方面（表5-8），项目团队针对现状问题分别提出相应的改进意向。

循礼社区现状问题表 表 5-8

类别	具体问题	改进意向
道路交通	道路整体破损严重，人行道路不成系统，安全隐患大	将路面翻新成沥青材质，专门设置人行通道保证安全
	社区有四条断头路，车行路线不成系统	重新梳理道路系统，适度打开断头路
	现状车行道路消防行车路线不顺畅	在消火栓所处位置拓宽相应救援道路
	共享单车随意停放，占用人行通道	严格禁止共享车辆进入小区内部
	非机动车在巷道上、单元门口随意停放，占用道路和公共活动空间，阻碍道路通行	扩大现有非机动车车棚容量，可改造为太阳能充电桩，多功能结合
	社区停车位严重缺乏	将小区车行道适度拓宽，实行单侧停车

续表

类别	具体问题	改进意向
公共空间	社区没有公共休憩设施	在人气高的场地设置供居民使用的休憩设施，也可以设置树下座椅，使树具有功能性
	社区公共空间少，空闲场地极为有限	加强现有空间利用，提高场地利用率
	社区公共休闲设施利用率低，有限的空间得不到合理利用	拆除违建建筑，增补公共空间
	59栋前有一处废弃车棚	可改造晾晒空间
公共服务设施	现有公共服务设施不能满足社区配套要求	改善社区公共服务设施管理，集中布局，统一管理
	宣传栏内容多为政治、健康方面，大部分占用立面空间，有两处站立式宣传栏设施	无用的宣传板可拆除，改善立面环境
	社区宣传白板几乎废弃	白板可重新利用，设在居委会附近，用于公布社区活动
市政服务设施	消火栓缺乏维护，存在安全隐患	消防路线不清晰，或被占用；针对消火栓所处位置，在改造过程中拓宽相应道路
	附在墙体上的路灯光照覆盖面积有限，部分居民出入的空间尚未配套路灯	增设路灯设施，或拆除墙体上的路灯，改为杆式路灯
	社区垃圾箱数量不足，导致堆放杂物现象严重	每栋楼前应设置一处小垃圾桶，小区内部应有三处大垃圾桶
	社区有两处废品回收站，但均不规范，占用部分公共空间及道路，且杂物乱堆，影响小区形象	在合理位置增加环卫工作站
	雨水井盖位置分配不均，排水不畅	改善地下排水管网，合理布置雨水井盖，可在水患严重区段酌情增加
	社区电线杆较多，包括废弃电线杆，电线杂乱无章，且有不少居民在电线上晾晒衣物	及时拆除废弃的电线杆；清除杂物，整理室外电缆，可在其周围做小绿地，避免堆放杂物

续表

类别	具体问题	改进意向
市政服务设施	化粪池区域上方不易承载过重设施，但现状每处化粪池均有停车现象	化粪池区域可改造为供人娱乐休憩的公共空间
景观环境	社区树木种植较为无序，个别树木影响住宅楼采光，缺乏统一维护管理	加强社区树木维护及管理
	社区东侧基本没有树木，缺乏绿化空间	增补东侧社区绿化空间
	目前绿坛多处被侵占，周围堆放杂物，近乎废弃，且社区绿地不成系统	完善社区绿化系统，增加景观节点；控制管理好社区绿坛等相关绿化用地，提升绿坛等景观小品使用功能
	盆栽在一定程度上占用社区公共空间，且缺乏管理，影响社区形象，影响空间活动	合理利用盆栽，有序摆放，与改造后的空间相结合，增强居民归属感
	盆栽多集中在社区东侧，主要是由于缺乏绿化	增加公共绿化，填补绿化不足
社区商业网点	商业网点中餐馆居多，大多是在外私搭的帐篷，占用很多公共空间，甚至占用人行通道；产生的油烟对建筑立面造成一定破坏，垃圾被扔在路上，对整个小区的形象有所影响	将废弃店面拆卸；根据居民需求增加商铺（如菜市场），将有需求的商铺合理规范化，统一设计，使其干净卫生
社区私搭乱建	社区私搭乱建数量多，且较为严重；私搭乱建侵占社区公共空间，甚至阻碍社区道路通行	建议协商拆除用于堆放杂物的私搭乱建房屋及屋棚，整治违建行为；针对私搭乱建的商铺，可使其规范化，为其提供设计方案
	晾衣架（绳）占用了居民的活动空间，有部分悬在道路上方，给行人带来不便	规划合理的晾晒场所，满足居民晾晒需求
	社区晾衣空间不能满足居民需求，衣物晾晒在电线上存在很大的安全隐患	加强晾衣管理，向居民普及安全知识
	乱堆放杂物点多占据建筑墙脚或角落处，破坏整体环境美感	多设置环卫设施，将占用公共空间的杂物清除

3. 解决思路与措施

循礼社区"微改造"规划主要分为问题总结、搭建工作坊、多方"联合设计"、制度设计几大阶段。

（1）问题与具体措施小结

针对循礼社区现阶段应解决的重点问题，提出具体改进措施，主要集中在道路交通、公共设施以及市政设施等重难点的应对方面（表5-9）。

循礼社区问题导向下的改进措施 表 5-9

类别	社区问题	改进措施
道路交通	人车混行，通行不畅	人行道与机动车道分开，实施人车分行
	机动车位匮乏	合理增设机动车停车位
	非机动车无序停放	建立新非机动车停车棚，均匀分布；在楼栋出入口设置简易停车棚
给水排水设施	淹水、漏水严重	改造地下管网，更新楼栋给水、排水水管，住宅建筑改建为坡屋顶
居住环境	私搭乱建	拆除违章建筑，清理乱堆乱放的杂物
	楼梯立面破旧	统一刷新楼体立面，并增设遮雨棚，在楼顶增加防雨层
绿化景观	缺乏绿化	宅前屋后设置绿化隔离带，设置多处公共绿坛
	树木缺乏修剪和维护，遮挡阳光	砍伐枯树及对卫生有影响的果树，修剪遮挡阳光的树木；在供人休闲区域栽种新树
公共设施	整个小区没有公共座椅	设置树池座椅，在人多聚集处设置桌椅
	健身器材老旧且种类少	增加多种类健身器材
	缺乏公共休闲场所（广场）	设置多处小广场及中心大广场
	缺乏儿童娱乐场所	在79栋、80栋北侧设置儿童娱乐设施
	缺乏晾晒空间	在阳光充足或通风处，设置晾晒空间，为每户规范设置窗外伸缩晾衣杆

续表

类别	社区问题	改进措施
市政设施	环卫设施布局不合理且缺乏	合理规划环卫设施，增加垃圾设施，并增设环卫工作站
	电线设施杂乱	清理废旧杆线，更新维护户外设施
	路灯、摄像头问题	增设、维修小区路灯及摄像头

（2）搭建工作坊

■ 参与式规划理念

规划方以社区治理为突破口推进老旧社区更新，避免传统的精英规划。以参与式规划理念为主导，按照政府主导、群众主体、多方参与的原则，通过多轮交流、座谈、访谈的形式，针对社区改造的痛点、难点、意向方案达成多方共识（图5-31）。

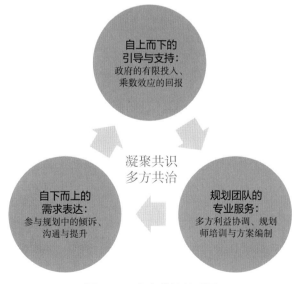

图 5-31 多方共识关系图

■ 主要工作

搭建循礼社区工作坊阶段的主要工作内容为三点：第一，与街道办事处和社区居委会沟通项目计划；第二，落实工作坊成员、驻地；第三，组织"发现社区""发现社区规划师"活动。最终，该阶段主要由街道办事处、社区居委会、物业公司、居民骨干和项目团队共同完成项目设计与案例分享活动。

（3）"联合设计"

项目团队通过与各部门的协调、工作坊联合集中设计、设计方案的多轮讨论以及设计方案的公众咨询，达成对最终设计方案的共识。共同构建定位为宜居、宜老、舒适安全、有文化内涵的精致社区（图5-32）。具体策略包括优化物理空间、美化居住空间、舒化人文空间、叠加服务空间四个方面，

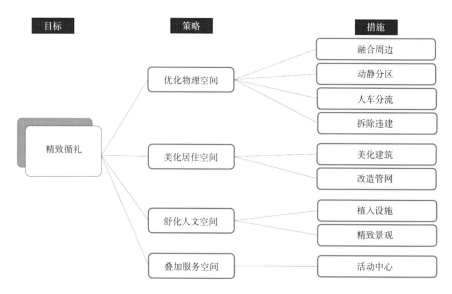

图 5-32 "精致循礼"规划框架

并分别对应可落地空间措施。

（4）制度设计

■ 社区规划师制度

选拔培养社区规划师，为社区的后续建设与维护打造一支精干队伍，实现社区建设和维护的全生命周期管理。

■ 资金筹备制度

主要建设和维护资金来源以政府资金为主，关键在于使政府资金投入得到百姓认可，有限资金用到实处，并且能够为社区的全生命周期运营带来具有乘数效应的收益。

第6章
武汉市社区"微改造"规划导则

结合大量试点社区"微改造"规划的成功实践，武汉市自然资源和规划局以全生命周期规划管理为核心理念，围绕社区空间规划与治理，结合武汉市社区"微改造"规划试点工作内容和经验总结，研究制定了"全主体参与""全进程互动""全要素提升"的《武汉市社区"微改造"规划导则》（以下简称"《导则》"）。

《导则》希望从"居民的美好生活"角度出发，强调以参与式规划理念为指导，重点围绕提升空间品质、彰显文化价值、推动创新集聚、营造空间活力四个领域开展规划研究和共同规划、共同参与、共同营造，提升社区基层治理效能。

本章主要从适用对象和适用范围、规划准则和技术导引几个方面，全流程、全要素地展示《导则》的编制内容。其中，规划准则和技术引导为核心内容，分类型、分层次地从宜居、宜行、宜游、宜享、宜业五个方面（图6-1）展开具体说明。

图 6-1　规划准则和技术导引内容分类

6.1　适用对象和适用范围

6.1.1　适用对象

适用对象为参与武汉市社区"微改造"的各相关部门、居民、服务企业、机构组织及个人。

6.1.2　适用范围

适用范围为武汉市建成区范围内的各项居住社区"微改造"内容，在遵循各专项相关规划法规要求的基础上，宜参照《导则》开展规划编制、管理、推进和实施工作。

《导则》未涉及的内容，应当按照国家、武汉市现行的相关规范、标准执行。

6.2 工作机制及工作方法导引

6.2.1 工作机制

工作过程中的核心内容在于全周期性地将搭建公众参与平台、发现社区、培育社区组织、策划社区活动、设计方案编制、参与式建设、拟定社区管理制度七个阶段串联（图6-2），全过程、多方位地参与协助并形成有机整体，并通过共同组织、共同规划、共同建设、共同管理的方法，合力推进

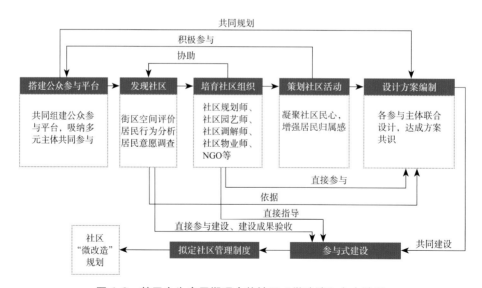

图 6-2 基于全生命周期理念的社区"微改造"七大阶段

全生命周期社区"微改造"工作并进一步实现机制的构建与完善。

6.2.2　工作方法导引

（1）搭建公众参与平台

社会多方群体借助"互联网+"平台，共同组建社区"微改造"工作坊。规划者、参与者、协调者三方明确职责分工，群策群力，共谋规划方案，制定政策引导，保障资金支持，推进方案实施，实现共同的目标。

（2）发现社区

通过社区"微改造"工作坊，开展社区需求调研工作。具体的调研方法以社区空间评价、居民行为分析、多群体全方位的深度访谈和问卷调查等为主，剖析现状，总结问题，明确改造方向。

（3）培育社区组织

选取、培训专业素养突出的社区规划师；在专业规划人员的辅助下，培养社区园艺师、社区调解师、社区策划师等多元化社区建设管理能手；培育社区帮扶组织、儿童学后乐园、老年俱乐部等社区公益组织，形成社区共建共治的力量。

（4）策划社区活动

定期策划设计周、规划设计成果展、艺术展等多样化的社区活动，激发社区活力。

（5）设计方案编制

采用参与式规划的方式，通过提案征集、备案选择、意见反馈，全过程分阶段推进设计方案的形成。由社区居委会牵头建立社区协商议事平台，设计师、业委会等多方参与，保障公共利益的实现，确保多方利益的平衡。

（6）参与式建设

以制作社区建设项目包的形式指导社区建设。明确社区更新项目一览表、各项目所包含的细化分类、具体内容及具体做法。确定项目包实施的先后顺序、投资估算和设计方案，指导社区建设的同时指导社区进行项目申报、立项。

（7）拟定社区管理制度

从建立长效管理运营机制和搭建信息平台、实现智慧管理两个方面完善社区管理制度。创新多元参与机制，激发社会组织活力，培育社区自治精神。利用信息技术，构建宣传互动信息平台、社区智慧管理平台等，促进社区的智慧化管理。

6.3 规划准则和技术引导

6.3.1 导引说明

根据马斯洛需求层次理论，《导则》将社区整体需求分为五个需求层次，并提出社区"微改造"阶段提升理论。

1. 要素一览表说明（表6-1）

社区要素一览及"微改造"阶段表　　　　　　　　　表 6-1

马斯洛需求层次理论 ➡	社区整体需求层次 ➡	"微改造"阶段
第一层次：生理上的需要	基本的生活保障	第1阶段：宜居——安全舒适的住宅建筑
第二层次：安全上的需要	安全的居住环境	第2阶段：宜行——绿色便捷的社区交通
第三层次：情感和归属的需要	融洽的邻里关系	第3阶段：宜游——丰富开放的公共空间

续表

马斯洛需求层次理论 ➡	社区整体需求层次 ➡	"微改造"阶段
第四层次：尊重的需要	广泛的社会认可	第4阶段：宜享——健康完善的服务设施
第五层次：自我实现的需要	优秀的展示平台	第5阶段：宜业——活力多元的社区产业

2．改造标准分级

为响应国务院政策精神，提倡社区"微改造"从保基本开始，逐步提升和完善（表6-2）。《导则》将社区"微改造"各阶段改造要素分为三个标准。

（1）标准一：直接影响居民日常生活和安全的设施设备。

（2）标准二：为生活提供便利，提高居住和交往舒适度的空间及设施。

（3）标准三：提高社区精神文明建设的公共服务设施。

社区"微改造"要素一览表　　　表 6-2

提升阶段	改造要素	要素细分	改造标准		
			标准一	标准二	标准三
宜居	1 市政基础设施	—	√		
	2 基本生活保障	01 公共晾晒（衣）	√		
		02 厨卫排污（食）	√		
		03 建筑整治（住）	√		
		04 楼栋出行（行）	√		
	3 风貌形象	01 建筑风貌		√	
		02 楼道整饰	√		
		03 屋顶空间		√	
		04 社区外围形象			√
	4 建筑节能	—			√

续表

提升阶段	改造要素	要素细分	改造标准		
			标准一	标准二	标准三
宜行	1 交通改善	01 社区道路	√		
		02 慢行优先	√		
	2 停车系统	01 地面停车	√		
		02 立体停车		√	
		03 非机动车停放	√		
	3 安全防治	01 社区安防配置	√		
		02 消防体系	√		
	4 智慧安防	—		√	
宜游	1 公共环境卫生	01 垃圾分类	√		
		02 其他环卫设施	√		
	2 社区客厅	4 个空间策略			√
	3 社区绿地	01 口袋公园	√		
		02 小游园		√	
		03 社区公园			√
	4 海绵系统	01 雨水滞留	√		
		02 生态净化		√	
	5 视觉艺术	01 社区媒体		√	
		02 标识系统		√	
		03 公共艺术			√
宜享	1 社区管理与服务	—	√		
	2 社区福利保障	01 老有所养	√		
		02 幼有所育	√		
		03 病有所医	√		

续表

提升阶段	改造要素	要素细分	改造标准		
			标准一	标准二	标准三
宜享	3 文体活动室	01 文化建设		√	
		02 体育活动			√
	4 智慧共享社区	01 共享打造		√	
		02 智慧服务			√
宜业	1 社区就业服务	—	√		
	2 产业业态提升	—			√
	3 办公场所打造	—			√

3. 改造导引说明

《导则》先给出老旧完整社区规划设计共性原则，后进行分类施策，补充说明"老旧商品房""历史街区型""老城风貌型"以及"单位大院型"四类老旧社区各自的改造特点（表6-3）。

分类施策一览表　　　　　　　　　表 6-3

社区分类		老旧商品房	历史街区型	老城风貌型	单位大院型
提升阶段	改造要素	○为共性原则；△为特色原则			
宜居	1 市政基础设施	○	△	△	○
	2 基本生活保障	○	○	○	○
	3 风貌形象	○	△	△	△
	4 建筑节能	○	○	○	○
宜行	1 交通改善	○	△	△	△
	2 停车系统	○	△	△	○
	3 安全防治	○	△	△	○
	4 智慧安防	○	○	○	○

续表

社区分类		老旧商品房	历史街区型	老城风貌型	单位大院型
提升阶段	改造要素	○为共性原则；△为特色原则			
宜游	1 公共环境卫生	○	△	○	○
	2 社区客厅	○	△	○	○
	3 社区绿地	○	△	△	△
	4 海绵系统	○	○	○	○
	5 视觉艺术	○	△	△	△
宜享	1 社区管理与服务	○	○	○	○
	2 社会福利保障	○	○	○	○
	3 文体活动室	○	△	△	○
	4 智慧共享社区	○	○	○	△
宜业	1 社区就业服务	○	○	○	○
	2 产业业态提升	○	△	△	○
	3 办公场所打造	○	○	○	△

6.3.2 宜居——安全舒适的住宅建筑

1. 市政基础设施

（1）改造目标

注重社区基础设施更新，保障居民基本的居住条件。

（2）规划要点

■ 基于社区市政基础设施现状，进行逐步"微改造"。

■ 基于"城市双修"的背景，以"二次供水、雨污分流、海绵城市"等生态治理策略为切入点，对社区市政基础设施进行整体性改造。

（3）设计导引

■ 供水设施，升级给水管道；电力设施，架空电力线路改造入地，增加路灯并加强维护；通信设施，架空通信线路改造入地，整合并美化弱电箱柜。

■　更换社区不达标管线、改造升级管线、规整线路；修复老旧、损坏设施设备，缺少基础设施的社区进行合理增设。

■　打通老旧社区排水、排污管廊。武汉市老旧社区普遍存在沿街自发形成的住宅底商，并且往往以餐饮业为主，长时间大量排放废油、废水容易造成老旧社区整体的排水、排污管网堵塞。在社区"微改造"中，鼓励结合"管理+技术"两方面整治内容，重点解决由于底商餐饮造成堵塞的下水管道，同时，对社区整个排水管网进行清理维护，详细内容可参见《武汉市老旧小区改造技术导则》。

2．基本生活保障

（1）改造目标

改善居民生活条件，提高社区居民生活舒适度。

（2）规划要点

■　以基本生活保障为切入点，对社区居民生活空间进行改造，创造舒适宜人的居住条件，逐步达到"易、逸、康、安"的要求。

■　遵循因地制宜、防排结合、合理选材、综合治理的原则，做到安全可靠、技术先进、经济合理、节能环保的要求。

（3）设计导引

■　公共晾晒（衣）

以居家晾晒为主，公共晾晒为辅，设置公共晾晒区，且保证足够的服务半径，满足居民日常生活需求。

晾晒区域设置：晾晒区应避开人流密集区域设置。鼓励采用复合利用的办法，结合社区空旷草坪、屋顶、停车空间、围墙，以及休闲座椅等景观小品设置。

■　厨卫排污（食）

针对原有排污立管老化、破旧等无法使用的现象，统一规划建设厨房、厕所排污管道，并且达到户户通水、通电、通气的要求。对于建设年代久远、房屋住宅未设计厨卫空间的老旧社区，可采取共享厨卫设施设计。

■ 建筑整治（住）

对社区房屋（如外墙、屋面等）进行立面整治以及防水整治等。

■ 楼栋出行（行）

构建舒适、便捷、完善的楼栋出行条件，综合考虑楼栋出行的环境条件、基础设施条件。

适老设计：加强对适老化关怀的考虑，注重人性化设计、适老化设计，保证适老化设施完善。以"安全性、便捷性、舒适性"为原则，保障残障人士、老年人、孕妇、儿童等社会成员通行安全和使用便利。

无障碍电梯：结合使用要求和原有建筑的既有条件，在不影响建筑使用功能和建筑安全、消防安全的前提下，合理确定电梯加装位置和结构形式。当无法整体加装电梯时，可沿楼道设置升降台轮椅轨道，达到便民、适老的设计标准。

3. 风貌形象

（1）改造目标

强调城市片区风貌的整体性塑造，注重不同社区的可识别性打造。

（2）规划要点

■ 社区建筑色彩应满足《武汉市主城区建筑色彩和材质管理》相关规定。

■ 应尊重原有社区构成逻辑、脉络肌理以及尺度风格。

■ 强调建筑风貌与周边建筑相协调。

（3）设计导引

■ 建筑风貌

加强对单体建筑风貌的整体性协调把控。明确重点部位和细部特征，仔细推敲所用材料、形式、色彩及比例，打造个性化社区。

强化风貌：结合社区整体原始基调进行风貌修复。

规整立面：建筑外墙风貌与周边建筑风格相统一。采取"隐蔽化、规整化、统一化"（隐蔽化，设置格栅/百叶等隐蔽遮挡空调机位；规整化，规整建筑外窗防盗网、遮阳篷；统一化，统一设置伸缩晾衣杆）措施。

立面色彩：对建筑外立面色彩和质感进行分析，大面积以基调色为主，局部通过其他色彩来突出，使得整体与局部构成鲜明的对比。

立面构图：考虑功能构件的线条效果、比例与尺度、规整性等使得建筑外立面的空间层次感提升。

单元入口：对单元入口进行系统性治理，明确单元入口构成要素，增设入口雨篷、吊灯、楼栋标识、宣传通知、对讲系统等人性化设施。

垂直绿墙：结合社区建筑以及绿化现状，局部立面可运用垂直绿墙，提高社区绿地率，可分为局部分块设计或整体设计。

沿街店招：规范户外广告牌设置，结合社区历史脉络以及人文特色，强调总体统一、个性化设计。

■ 楼道整饰

通过对建筑的楼道空间美化处理，改善居民居住环境。例如，悬挂壁画、书法，张贴社区活动照片等。

■ 屋顶空间

通过第五立面的美化，提升社区立体形象。运用屋顶创造出集交往、休闲、健身、游戏、娱乐等功能于一体的空中花园。

平改坡做法参考：策略一，低女儿墙方案（屋面距原有屋面高度较低，屋面可设晾晒平台）；策略二，高女儿墙方案（屋檐距原有屋面高度较高，居民屋面活动范围大并且满足消防疏散要求）。

屋顶空间利用：通过第五立面的美化，充分利用老旧社区空间，提升社区立体形象。针对老旧社区屋顶的乱搭乱建、使用率低等问题进行屋顶活化利用，增加公共活动交流空间。屋顶装饰不可以夸大而忽略整体，应根据不同的建筑风格选择合适的屋顶装饰形态。充分注重楼体与屋顶的色彩搭配，营造活泼生动的建筑形象。运用屋顶创造出集交往、休闲、健身、游戏、娱乐等功能于一体的四季如春、充满浪漫色彩的屋顶"空中花园"。将居民的户外活动空间由地面延伸到屋顶。

■ 社区外围形象

社区大门：根据社区历史脉络，合理选择大门风格类型，如历史风貌型、现代简约型等。并且，应考虑视觉体验，注重大门的比例与尺度。

围栏围墙：以"安全稳固、功能完整、整洁美观"为原则。结合社区文化特色对社区围墙进行改造，根据社区需求增设文化宣传等功能。

4. 建筑节能

（1）改造目标

保证建筑的室内环境和室内人员居住舒适度的前提下，降低建筑运行能耗，构建绿色低碳型社区，实现城市、社区的可持续发展。

（2）规划要点

■ 运用节能建材或采取一定节能措施，降低建筑使用能耗。

■ 综合运用技术、环境绿化、运营管理等，将社区内所有活动产生的碳排放降到最低，减少能源消耗。

（3）设计导引

■ 采用雨水收集、中水回收等系统进行节水设计，充分利用阳光、风力等可再生能源进行节能设计。

■ 可对建筑局部如外窗遮阳、太阳板、聚热箱等进行建筑节能设计。当电网覆盖或输配能不足时，独立的光伏发电系统就可以作为经济实惠、环境友好的供电系统，补充用户的部分电力需求。可优先在老旧社区的党群活动中心等公共用房使用节能技术，增加公共活动交流空间。

6.3.3 宜行——绿色、便捷的社区交通

1. 交通改善

（1）改造目标

营造安全、连续、有序、高效的交通出行环境。构建以慢行为主导的社

区交通模式,将慢行由一种交通方式转变为一种生活方式。

（2）规划要点

■ 以提升慢行交通效率、安全改善为核心,促使社区交通绿色、安全、活力。

■ 在满足交通量均匀分配的前提下要做到"顺而不穿,通而不畅"。

（3）设计导引

■ 社区道路

通过优化交通组织、重构断面空间的方式,对社区出入口以及道路进行综合整治。

社区出入口:结合社区所在区域位置和周边道路交通情况,合理提高主要出入口通行能力,明确车行、人行。可通过设置提醒标志、通道标识、分流设施、车道道闸、24小时值班岗亭、门禁、夜间照明设施及无障碍设施等,对人、车起到引导及分流的作用。

道路整治:以"可达、便捷、修补"为原则,对社区内道路进行修复和完善。道路空间尺度应符合人、车及道路设施在道路空间的交通行为,它包括人与车的流量、速度、数量、尺度,以及各种道路设施的数量、尺度和技术要求。

路网疏通:以"人本性、系统性、可行性、发展性"为原则,对社区道路进行网络化连接,增加社区小径以加强各空间的连接,实现最大限度的社区道路空间连通性。

通勤性交通:最大限度地达到安全、便捷、舒适的要求。

服务性交通:在满足基本通行的情况下,保证安全并最大限度地避免对居民生活方式的干扰。

■ 慢行优先

倡导以"慢行交通"为主的社区交通系统,建设生活性的、人性化的慢行空间。

人车分行：基于原来社区道路现状，选择合适的道路断面形式进行改造设计（表6-4）。

道路断面设计建议值   表 6-4

街道类型	建议值（m）	极限条件下最小值（m）
社区道路	6.5 ~ 8	5.5
组团道路	5.5 ~ 6.5	5
入户道路	3 ~ 5.5	2.5

道路截面设计应结合社区道路类型、道路技术等级和使用需求量，进行道理精细化设计与管控，营造宜居的空间尺度和社区风貌。对社区道路截面进行设计时，优先保障行人与骑行者的安全，转变"车本位"的交通设计理念，禁止为拓宽机动车道而压缩甚至取消慢行交通空间。社区改造应鼓励设置独立非机动车道和人行道，做到人车分行，实现快慢分离。

绿色出行优先：倡导"步行+自行车"的绿色出行方式，适当增加非机动车以及步行的空间。鼓励社区打造串联贯通的慢行绿道，丰富社区绿化景观和居民居住体验。绿道可利用机动车通行困难的道路，建设红色沥青自行车道、彩色透水砖人行道，设置小广场及花境等。

稳静化设计：利用交通稳静化处理手段，降低片区机动车车速，保障片区内慢行出行者的安全。策略一，通过设置减速带、减速标志等，限制机动车车速；策略二，设置S形线路、抬高路口路面与人行道平齐和全铺装设计等方式。

2．停车设施

（1）改造目标

完善社区停车设施，建设完整性、系统性、统一性的社区停车系统。

（2）规划要点

■ 优化社区停车布局。

■ 结合实际需求以及未来发展综合考虑配备停车位数量。

（3）设计导引

■ 地面停车

策略一：挖掘潜在车位，清理"僵尸"车、挪作他用的规划车位。通过对社区停车治理以及对停车方式的创新设计，增加社区内停车位数量，改善社区停车问题。有条件的社区，可建设智慧停车系统。

策略二：改变人们对停车位排列方式的刻板印象，巧妙变革车辆停放的方式，达到空间利用率最大化。结合社区公共区域的场地条件，因地制宜地设计停车位的设置方式，如改变原有的竖列式车位为斜列式车位设置，以最大限度地提高单位面积泊位供给数量，提高空间利用率。

策略三：建立"生态停车位"，对零散增加出的绿地面积与大范围绿草坪中的面积进行等价交换，保证小区绿化和停车位分散化，方便居民停车，高效利用草地。生态停车场宜分散式布局，在露天停车场应用耐高压、透气、透水性铺装材料铺设地面，并考虑停车景观。生态停车场的绿地分布以不影响车辆正常通行为原则，可种植浅根系植物；周边宜有隔离防护绿带，可栽植一定量的灌木、乔木等立体绿化植物，将停车空间与绿化空间有机结合。

■ 立体停车

社区内场地受限时，可考虑空间范畴的停车位设置。

机械立体停车：能有效利用空间，提高空间利用率达数倍。

停车楼及地下车库：对于已有停车楼或地下车库的社区，完善其相关停车配套设施以及修补墙面、地面。对于社区内停车负荷过大的社区，可在社区内择空地或社区周边建设停车楼，也可与社区周边商业停车场协调夜晚供居民使用。

■ 非机动车停放

按照小规模、高密度的原则，利用隔离带、行道树设施带和绿化设施带等就近灵活安排非机动车停放。可对停车装置进行机械创新，将自行车沿弧形导轨放置。非机动车停车设施应分散式布置，方便居民就近使用，并配置电动车充电装置，防止居民私拉乱接电线。对已存在的充电隐患危害，社区应督促居民自行拆除。在宽度大于3m的停车区入口处宜设置阻车桩，避免机动车占道停车。

3. 安全防治

（1）改造目标

保障居民生活区域安全，提高居民居住安全感，构建文明、安全型社区。

（2）规划要点

■ 建立健全的"派出所—街道—社区治保会—社区志愿巡逻队—社区居民"的五级综合安全防范体系。从全方位着手，做到人防、物防、技防三者有机结合。

■ 建立完善的社区安全防范管理制度。

（3）设计导引

■ 社区安防配置

完善社区安防设施以及设备的配置。

社区入口设置岗亭，入口尺度应满足车辆以及居民通行，且宜有一定的活动场地作为缓冲；社区内部应设有警卫室，且定时巡逻。

单元入口安装门禁系统，配置紧急铃声，各死角部位安装摄像头，物业统一安装防盗网。

■ 消防体系

对社区道路以及隐患空间进行治理，健全社区消防体系。

消防通道：完善社区消防基础设施（如消防水泵、消火栓、灭火器、给水管道等）；除保证道路满足住区的交通需求外，还同时担负发生火灾等灾害时消防车通行、疏散群众、应急避难和阻止隔离火灾蔓延的作用；并且，划定禁止停车区域，保障消防通道畅通。

微型消防站：有条件的社区可建设社区微型消防站，打造家门口的"消防安全圈"。

4．智慧安防

（1）改造目标

基于智慧城市的背景，打造智慧社区，着力提高社区安全防范，为社区居民提供安全、舒适、便利的智慧化生活环境。

（2）规划要点

■ 运用智慧设施，降低人力成本。

■ 宜与公安系统、区域调度中心对接，将治安引到家门口。

■ 利用新一代信息技术，形成基于信息化、智能化社会管理与服务的一种新的管理形态的社区。

■ 智慧能源管理：应用无人值守机房，集中远程管理。

6.3.4　宜游——丰富、开放的公共空间

1．公共环境卫生

（1）改造目标

建设国家卫生城市，打造舒适美观的卫生环境，保障社区居民健康生活。

（2）规划要点

■ 坚持减量化、资源化、无害化的管理原则。

■ 落实安全高效、以人为本、绿色低碳的理念。

■ 响应环境卫生设施集约建设的要求。

（3）设计导引

■ 垃圾分类

实行垃圾分类，关系广大人民群众生活环境，关系节约使用资源，也是

社会文明水平的一种重要体现。

鼓励通过学校垃圾分类教育，带动家长分类投放行为。

鼓励通过各类社区公约的形式，约束和倡导全体业主进行分类投放。

各社区应结合当前自身条件，选择恰当的分类收集容器。

鼓励有条件的企事业单位、社区探索实施生活垃圾定时、定点分类投放。

生活垃圾的具体分类标准，应是从收集到处置、利用全流程同分类标准。

详细内容可参考《武汉市生活垃圾分类管理办法》。

■ 其他环卫设施

公共厕所：按建筑形式可分为独立式、附建式、移动式三种类型，小区常用独立式或附建式地上公共厕所。各小区视现状增设公共厕所，公共厕所外观和色彩设计应与周边环境协调，公共厕所服务范围内应有明显的指示牌，所需要的各项基本设施必须齐备。

详细内容可参考《城市公共厕所设计标准》CJJ 14。

环卫工人休息站：可结合社区需要配建，宜结合公共厕所配建或利用其他社区服务用房改造（如非机动车车棚），每处20~30m²。

2. 社区客厅

（1）改造目标

激发邻里热情，增进邻里和谐，培养邻里情感。

（2）规划要点

■ 应结合社区当前需求，并带一定前瞻性考虑，商定社区客厅规模。

■ 选址应以方便到达为准，靠近社区中心或人行出入口。

■ 宜以构筑物形式设计、实施，并与其他功能结合，形成复合空间利用。

（3）设计导引

■ 空间策略一：广场加顶盖

在不影响周边居民的前提下，可通过给中小型休闲活动广场增加顶盖的形式，创造遮阳避雨的室外活动空间。

■ 空间策略二：上下分层

大中型公共空间复合利用：可采用一层设置对层高要求不高的功能空间（如停车棚），顶部作为公共活动广场。

小型公共空间复合利用：可采用底层架空、上部设置社区服务用房的形式。

■ 空间策略三：巧用台阶空间可将难以利用的台阶下部空间设计成非机动车车库或儿童活动空间，提高空间利用效率。

■ 空间策略四：风雨连廊

根据社区自身情况，可以通过设置风雨连廊的形式，提高老年人出行的舒适度。

3．社区绿地

（1）改造目标

建设花园城市，提高人均绿地指标，把公园建在家门口。

（2）规划要点

■ 社区绿地率应满足《武汉市城市绿化条例》相关标准。

■ 遵循小规模、组团式、微田园、生态化的设计原则。

■ 应有其独特性、文化性、经济性。

■ 根据服务半径和包含要素，《导则》将社区绿地分为三类（表6-5）。

社区绿地分类　　　　　　　　　　　　表 6-5

绿地分类	服务半径（m）	包含要素
口袋公园	≤200	绿植、休闲设施、社区家具、康体设施
小游园	≤400	绿地、休闲设施、康体设施（1个以上年龄段）、休闲步道/栈道
社区公园	≤800	绿地、休闲设施、康体设施（3个以上年龄段）、休闲步道/栈道、活动广场

（3）设计导引

■ 口袋公园

充分利用社区边角地、废弃地、闲置地，在居民身边"见缝插绿"。

通过以小见大的设计手法，运用合理布置户外休息座椅，构建明确的视觉中心等措施，营造幽静的自然环境。

■ 小游园

小游园可利用城市中不宜布置建筑的小块零星空地建造，采取开放式布局，一般绿化的覆盖率要求较高。

几何图形式：构成绿地的所有的园林要素都依照一定的几何图案进行布置。

自由式：无明显的主轴线，地形富于变化，场地、水池的外轮廓线和道路曲线自由灵活，无轨迹可循；建筑物的造型和布局不强调对称，善于与地形结合，并以自然界植物生态群落为蓝本，构成生动活泼的植物景观。自由式的布局能够充分继承并运用我国传统的造园手法，得景随形，配景得体，并依照一定的景观序列展开，从而更好地再现自然的精华。

混合式：在设计时应注意规则式与自然式过渡部分的处理，比较适合于面积稍大的游园。

■ 社区公园

社区公园即建在家门口的公园，随着时代的发展，社区公园不再是"广场+绿地+健身器材"的简单造园模式，而是变为更加生态、人文的现代化社区公园，景观的设计与发展也显得越发重要。

社区公园应有明确的功能分区，一般可分为康体活动区、儿童游戏区、安静休息区、园务管理区、游览观赏区、老人活动区六个，其中老人活动区和儿童活动区为刚性要求，其他为弹性要求。

可适当进行微地形设计，以解决地表排水和就近平衡土方的问题。

景观水体通常存在管理维护难和维护成本高等问题，规模较小的社区公园不宜设置景观水体。

休息设施宜结合高大乔木等设置，为居民提供一个阴凉、安静的环境，以提高设施的使用率。

4．海绵系统

（1）改造目标

使城市能够像海绵一样，在适应环境变化和应对雨水带来的自然灾害等方面具有良好的弹性。

（2）规划要点

■ 坚持规划引领、生态优先、安全为重、因地制宜、统筹建设的原则。

■ 以内涝防治与面源污染削减为主、雨水资源化利用为辅。

■ 海绵城市建设应结合社区道路、绿地景观等综合设计，包括"渗、滞、蓄、净、用、排"等多种技术措施，涵盖低影响开发雨水系统、城市雨水管渠系统及超标雨水径流排放系统。

（3）设计导引

■ 雨水滞留

雨水滞留包括绿色屋顶、雨水立管断接、透水铺砖、下凹式绿地、生物滞留设施、渗透塘、渗井等做法。

详细内容请参考《武汉市海绵城市规划技术导则》。

■ 生态净化

生态净化包括生态树池、雨水花园等措施。

对原有水体污染、发臭等社区景观，应取消水景，改造为小型生态湿地或渗透塘等绿色生态景观。

5．视觉艺术

（1）改造目标

彰显社区个性，打造可识别社区，各美其美，美美与共。

（2）规划要点

以展示社区个性、体现时代特征、突出文化品味为原则。

根据社区活动特征，规划视觉通廊。

（3）设计导引

■ 社区媒体

一般将社区媒体分为社区平面媒体、社区视频媒体和社区网络媒体三大类。

社区平面媒体，除了主要的电梯平面广告形式外，还包括社区文化墙、宣传栏、公告栏、信息栏、社区资讯箱（架）、社区灯箱、指示牌、绿化带告示牌、社区杂志等多种媒体形式。

社区视频媒体主要包括社区广场周边、住宅楼等地方设置的液晶电视媒体。

社区网络媒体指为社区居民及社区周边商家提供全方位服务的社区生活资讯与商务服务网站或手机App。

■ 标识系统

标识系统一般包含导视牌、地面标识、建筑标识和自然标识四种标识系统。

导视牌：起导向指引作用的标识牌。

地面标识（含交通标识）：指用油漆把符号涂在路面上，将道路本身作为导向识别标识，起导视指引及规范社区停车和车辆出行等作用。

建筑标识：指地标性建筑或建筑局部形成的独特标志。

自然标识：主要是指知名度高的社区景观。

■ 公共艺术

社区作为公共艺术沟通的"最后一公里"，可以让艺术服务基层、服务社区，可以提升社区知名度，提升居民的获得感、幸福感和安全感。

对社区的文化风格和属性进行整体定位，描绘"社区肖像"，建立形象母题。

设计社区观赏线，强化视觉通廊，增加社区视觉观赏性。

组织艺术走进社区活动。

6.3.5 宜享——健康、完善的服务设施

1. 社会管理与服务

（1）改造目标

建立完备、便捷、高效的公共服务管理体系。

（2）规划要点

■ 健全居委会、业委会、物业管理等组织架构。

■ 根据社区特点，完善社区公约制度、议事流程等。

2. 社区福利保障

（1）改造目标

保护和促进生产力的发展、缓解社会矛盾、稳定社会秩序、调解人际关系，为困难及弱势群体提供过上"好的生活"的条件。

（2）规划要点

■ 从国家及省、市主导政策出发，按照有利生产、保障生活的原则，有步骤地完善和发展。

■ 做到从消极救治到积极预防的转变，提升问题的关注高度，与社会经济和宏观规划相结合等。

（3）设计导引

■ 老有所养

推动居家、社区和机构养老融合发展，支持养老机构运营社区养老服务设施，上门为居家老年人提供服务。

以"15分钟社区生活圈"为基础，根据圈内各社区条件进行分级规划。

通过改造、加建等形式，拓展养老服务设施。

探索"物业服务+养老服务"模式，支持物业服务企业开展老年供餐、定期巡访等形式多样的养老服务。

打造"三社联动"机制，以社区为平台、养老服务类社会组织为载体、社

会工作者为支撑，大力支持志愿养老服务，积极探索互助养老服务。

大力培养养老志愿者队伍，加快建立志愿服务记录制度，积极探索"学生社区志愿服务计学分""时间银行"等做法，保护志愿者合法权益。

做好医养结合机构的培育工作。

■ 幼有所育

鼓励和培育社区育儿、早教机构，充分利用社区资源，为家长及婴幼儿照护者提供婴幼儿早期发展指导服务。

优先支持普惠性婴幼儿照护服务机构，为确有照护困难的家庭或婴幼儿提供必要的服务。

运用互联网等信息化手段，加强对儿童托育全过程监督，让家长放心、安心。

发展婴幼儿"照护+健康管理"的"1+1服务模式"。

■ 病有所医

鼓励健全社区医疗网络，使群众小病进社区、大病进医院，缓解目前看病难、看病贵的医疗问题。

提高社区卫生服务机构的服务水平，大力宣传社区卫生服务的宗旨和内容，让社区居民感受到社区卫生服务的实惠和连续性服务的好处，逐渐转变居民的就医观念。

根据社区条件，逐步建立社区医疗平台准入机制，使社区医疗机构多元化、多样化、竞争化。

3. 文体活动室

（1）改造目标

通过活动增加彼此的了解和理解，增进友谊，建立社区的良好形象，增加居民对社区的认同感和归属感，达到构建和谐社区的目的。

（2）规划要点

■ 根据需要逐步配建文体设施，并由单一功能用房向综合服务用房转变。

■ 结合社区室外活动场地，就近改建或新建、扩建文体配套服务用房。

（3）设计导引

■ 文化建设

因地制宜，完善基础设施，丰富社区居民的文化活动，努力提高辖区居民幸福指数。

社区文化设施一般包括兴趣活动室、棋牌活动室、图书室、艺术展馆、小剧场等项目。

老与少相结合。老与少相结合是指社区文化建设应该抓住老人与儿童这两个大的群体，带动中青年人参与社区文化活动。

大与小相结合。这里说的"大""小"是指社区文化活动规模的大小，大活动和小活动要合理搭配、合理安排。以粟上海社区美术馆为例，社区美术馆向全年龄段开放，展示社区时间痕迹，希望通过艺术和互动的方式呈现、诉说、传递更有温度的社区历史、城市精神以及人文关怀。社区美术馆的建筑采用"新旧共生"的设计理念，最大限度地保留社区原有居住氛围、房屋形制与墙面肌理；激发源于社区的能量与活力，在留存社区原本的生活方式和生活节奏的同时，实践当代的文化与审美意图；促进社区的文化传播与空间共享，形成一个放射状的知识分享路径，点阵式挹注居民的文化生活。

■ 体育活动

社区体育是全民健身的重要平台，起到丰富社区文化生活、强身美体、提高居民生活品质的作用。

社区体育活动设施一般包括运动之家、各类球室、健身房、体育俱乐部等项目。

社区宜以提供中小型室内活动场地为主，倡导中小学节假日向周边开放大中型体育活动场地。

健全和完善室内体育活动设施，建立长效的运营机制。

4. 智慧共享社区

（1）改造目标

建立资源共享型智能化社会服务模式，探索可持续发展的社区治理体系。

（2）规划要点

充分利用物联网、云计算、移动互联网等新一代信息技术的集成应用，通过开启"线上+线下"服务群众的智慧社区新模式，建立现代街道社区管理运行的新模式。

（3）设计导引

■ 共享打造

城市的消费状态逐渐从注重功能向注重精神转变，而共享社区正试图通过加强居民交往的服务来满足人们的精神性消费。通过"时间银行""爱心积分"等线上平台建立长效共享运营机制。

空间共享：共享客厅、共享厨房等。社区公共空间是社区邻里感情得以建立的过渡空间，共享客厅是针对当前居住需求发生新变化而产生的创新配套，也是逐渐稳定下来的居民建立长期熟悉的社区生活和邻里感情的需求。共享客厅把快递、外卖、超市、会客、家教、阅读、聚会等社区功能复合其中，形成小区内步行15分钟可达的共享客厅，为社区居民提供更多活动、交流、体验和服务共享空间。共享厨房兼具分时租赁、厨艺课堂等复合体验功能，满足家庭聚会、日常友聚等社交活动的空间使用需求。

物资共享：共享图书、共享钢琴、共享推车、共享工具等。例如，共享图书倡导"以书易书、共享阅读"的理念，吸引社会力量参与公共文化服务，同时可利用社区空闲房间，在社区内收集闲置书籍，居民可以随意阅读，也可以将自己闲置的书籍放置于此，或替换取走自己喜欢的书籍，增强社区内的读书氛围。

技能共享：共享电器修理、共享老弱看护、共享家庭美食等。

■ 智慧服务

以智慧政务提高办事效率，以智慧民生改善人民生活，以智慧家庭打造智能生活，以智慧小区提升社区品质。

大数据平台管理：包括数据采集与预处理、数据存储、数据清洗、数据查询分析和数据可视化。

6.3.6 宜业——活力多元的社区产业

1. 社区就业服务

（1）改造目标

改善民生，维护社会稳定，发挥"一根针穿着千条线"的桥梁纽带作用。

（2）规划要点

■ 提供支持社区本地灵活就业的空间布局。

■ 探索建立就业培训的长效机制。

■ 探索建立创业带动就业长效机制。

2. 产业业态提升

（1）改造目标

形成特色社区产业集群。

（2）规划要点

■ 以无污染、弱干扰、可持续为社区产业准入标准；以近限远迁为社区产业规划原则；以创意产业为切入点，引导产业业态提升。

■ 根据产业特点，探索与社区公共活动错峰、错时的空间及场地复合利用。

（3）设计导引

■ 服务型产业

一般具有地缘性、便利性、小型化及一定程度上的福利性。

社区高龄者服务产业：高龄者陪护、宠物关怀等。

社区高培训服务产业：兴趣班、技能培训等。

社区便民商业服务产业：衣、食、住、行、娱等。

社区家政服务产业：保洁、搬家、保姆等。

■ 资源型产业

以资源开发利用为基础和依托的产业。

社区产业资源型：依托各类特色小镇形成相应周边产业链。

社区生态、景观资源型：依托周边名胜古迹、旅游景点或依托社区自身景观知名度等形成休闲旅行产业链。

社区文化资源型：依托社区历史背景、名人效应等形成社区文化产业链。

3．办公场所打造

（1）改造目标

打造一种以创意社区模式的办公环境解决中小微团队办公难、办公贵等发展问题。

（2）规划要点

以就业培训和创业服务为基础，就近拓展、改造社区办公场所。

第7章

结语

党的十九大指出，要"打造共建共治共享的社会治理格局。加强社区治理体系建设，推动社会治理重心向基层下移，发挥社会组织作用，实现政府治理和社会调节、居民自治良性互动。"作为社会肌体中最活跃的"细胞"，社区规划既是各级党和政府关注的重点工作，也是群众对美好生活需要不断提高的客观要求。2020年武汉市常住人口1232.65万人^①，下辖武昌、江汉等7个中心城区以及江夏、黄陂等6个远城区、108个街道、1107个社区，城区建设和发展极不平衡，如何因地制宜发挥新老城区的优势，不断满足群众多元化、小众化、个性化需求，有效提升城区环境质量、人民生活品质和区域发展竞争力，一直是武汉市城市建设发展亟待破解的难题。

作为重要公共政策的城市规划，需要转型和变革以适应新常态下城市更新和发展的诉求，社区规划作为城市规划体系的补充，更加强调以人为本、精细化管理与社区认同感塑造。本书在系统性地梳理与经验总结之下，应对当前武汉市老旧社区规划过程中面临的挑战，重点阐述了三项创新性工作。

一是汇聚多方力量，创新形成的基于全生命周期理念的武汉市社区"微改造"工作体系。在充分发挥规划引领和政府统筹作用的前提下，探索社区主体下的多方联动机制，以社区为基本单位搭建协商议事的工作平台，建立以社区党组织为核心、居民委员会为基础、社区居民为主体,引导多方力量参与互助的协商议事体系和规则。

二是链接各项进程,搭建的武汉市首个共参共治共建的社区"微改造"共筑平台,基于推动社区治理能力与社区品质提升和相互促进的理念,理清社区品质提升的阶段进程。进行整体统筹考虑,将社区共治贯穿于各阶段。将社区品质的提升分为街道申请与认定、规划编制、规划实施、社区营造推进后续管理四个进程。

三是以"人的需求"为核心理念,编制形成的中部城市首个全流程、全要素的《武汉市社区"微改造"规划导则》,为全市老旧社区更新改造提供了技术标准和导引工具。

截至目前,已有数个试点社区进入了具体实施阶段。在戈甲营社区,通过资产收购置换、长期租赁等方式,逐步搬迁老旧房屋、历史建筑中的居民,政府统一修缮,引入大师工作室、艺术工作坊等文化类企业,与古城历史文化基因相得益彰,实现居民生活改善与传统文脉延续、发展动能转换共赢。在武昌区南湖街华锦社区等开展的社区"微改造"规划中,前后共组织17场次实地踏勘,发出并回收507份调查问卷,遴选出87名社区规划师,开展了31场"联合设计"和50余次参与式规划活动,调动了200余名居民参与,最终形成关于40个重点空间的规划设计方案。

因规划在全生命周期内各阶段中都取得了广泛共识,近3000万元的社区改造项目在实施中未遇到任何阻力。项目建成后新增各类运动设施近百套,优化活动场地上千平方米,增加停车位上千个,扩展绿化面积近1000m²,扩宽和改良道路近1km,打造优质景观30余处,使居民充分感受到出谋划策服务大家、实现心愿造福小家的成就感和获得感。

当然,本书提出的全生命周期社区"微改造"规划虽有一定的理论与实践成果,但目前仍在探索阶段,在一些方面还欠缺考虑。例如,目前武汉市社区规划改造的资金筹措渠道还主要是单一的政府资金,在社区规划的试点启动阶段，政府的大力投入有助于让项目更快地进入正轨，吸引多方参与，但社区规划作为一个内容广泛并且"精细化"的规划类型，在普及推广后，必须要创新筹资方式、开辟多样化的资金筹措渠道，汇集各条线的资金。未来如何形成政府投资引导、居民自筹资金配套、企业资金扶持的格局，是下一步武汉市社区规划项目的重要探索方向。

另外，国内外众多的老旧街区改造后，都不同程度地出现了"绅士化"的现象，街区改造更新中引入商业形态的过程给居民的日常生活带来消极影响。以上海田子坊和北京798为例，最初是画家和艺术家进驻空间，艺术家和居民都要求安静的环境，所以利益冲突较少。随着民间治理和创意合作的社区自发更新模式得到推广，商业氛围增强后，租户多用于经营，重视利润最大化，底楼面朝弄堂的房间供不应求，楼层较高、位置较偏的房间无人问津。商业发展带来的地价升高改善了居民生活条件，但商户与居民共处一室的格局中商户的经营活动严重影响了居民的生活。随着街巷空间内各群体的利益博弈和矛盾冲突彼此交错，对空间形态产生影响，造成了居住社区的破败衰落，逐渐破坏了街区原有的社区文化。在武汉市的社区规划试点项目中也不乏戈甲营、都府堤等位于历史街区中的老旧社区，虽然社区规划中强调"自上而下"与"自下而上"相结合、多元参与、多方协商等工作理念有助于缓和社区的内在矛盾和利益冲突，但若希望社区能够长久、可持续地更新优化，仍应对社区"绅士化"的趋势未雨绸缪。

本书的出版，离不开研究团队的共同努力。每一次的集中交流与讨论，都推动了书稿的完善和深化，团队未来还将继续围绕社区"微改造"规划与实施，不断推进建立多方协同工作体系、构建众规共治的过程机制、健全居民自治为基础的社区建设长效机制的工作，并加快提升社区多元主体的协商效能、增进主体参与的广度和深度、增强社区持续发展的长效动力，力求真正实现以全生命周期理念为核心动力的政社校企在社区规划与实施中的"全主体参与"、多元主体在社区规划与实施"全进程互动"、社区自组织能力与品质的"全要素提升",最终形成社区共治能力与社区品质持续改善的互促格局,使社区向着人性化、绿色化、共享化和可持续化方向发展,从细微处实现人民对美好生活的向往。

注释

① 国家统计局. 中华人民共和国2022年国民经济和社会发展统计公报［EB/OL］. （2023-02-28）［2023-02-28］. http://www.stats.gov.cn/sj/zxfb/202302/t20230228_1919011.html.

② 中华人民共和国统计局. 中国人口普查年鉴［M］. 北京：中国统计出版社，2022.

③ 新华社. 开创富民兴陇新局面——习近平总书记甘肃考察纪实［EB/OL］. （2019-08-24）［2019-08-24］. http://news.cnr.cn/native/gd/20190824/t20190824_524745969.shtml.

④ 中国城市规划网. 伍江："人民城市"的价值体系初探［EB/OL］. （2021-11-24）［2021-11-24］. https://planning.org.cn/news/view?id=12007&cid=0.

⑤ 15个试点城市：广州、韶关、柳州、秦皇岛、张家口、许昌、厦门、宜昌、长沙、淄博、呼和浩特、沈阳、鞍山、攀枝花和宁波。

⑥ 胡乔木. 中国大百科全书［M］. 北京：中国大百科全书出版社，1993.

⑦ 唐忠新. 中国城市社区建设概论［M］. 天津：天津人民出版社，2000.

⑧ 指当资源或财产有许多拥有者，他们每一个人都有权使用资源，但没有人有权阻止他人使用，由此导致资源的过度使用，即为"公地悲剧"。如草场过度放牧、海洋过度捕捞等，此处特指老旧小区由于产权争议等问题造成的公共空间资源无法有效使用的情况。

⑨ 武汉市统计局. 武汉市第七次全国人口普查公报（第一号）［EB/OL］. （2021-09-16）［2021-09-16］. https://tjj.wuhan.gov.cn/ztzl_49/pczl/202109/t20210916_1779157.shtml.

参考文献

［1］ 邹兵. 增量规划向存量规划转型：理论解析与实践应对［J］. 城市规划学刊, 2015（5）：12-19.

［2］ 翟斌庆, 伍美琴. 城市更新理念与中国城市现实［J］. 城市规划学刊, 2009（2）：75-82.

［3］ 乔文怡, 李玏, 管卫华, 等. 2016—2050年中国城镇化水平预测［J］. 经济地理, 2018, 38（2）：51-58.

［4］ 刘巍, 吕涛. 存量语境下的城市更新——关于规划转型方向的思考［J］. 上海城市规划, 2017（5）：17-22.

［5］ 袁媛, 柳叶, 林静. 国外社区规划近十五年研究进展——基于Citespace软件的可视化分析［J］. 上海城市规划, 2015（4）：26-33.

［6］ 汪振. 城市老旧社区社会治理困境及其破解路径——基于城市更新的视角［J］. 西安石油大学学报（社会科学版）, 2019, 28（4）：49-54.

［7］ 王存颂, 黄经南, 刘奇志. 老旧社区非正规公共空间的规划策略研究——以武汉市六合社区为例［J］. 现代城市研究, 2022（4）：87-94.

［8］ Jingnan H, Shilin Y, Jing Z, et al. Exploration on Implementation-Oriented Mode for Old Residential Community Renovation: Based on the Concept of Low Impact Development[J]. China City Planning Review, 2023, 32(1): 59-71.

［9］ 刘承水, 刘玲玲, 史兵, 等. 老旧小区管理的现存问题及其解决途径［J］. 城市问题, 2012（9）：83-85.

［10］ 李红娟，胡杰成. 中国社区分类治理问题研究［J］. 宏观经济研究，2019（11）：143-157.

［11］ 田灵江. 老旧小区改造资金需求及来源研究［J］. 住宅产业，2020（5）：6-11.

［12］ 刘贵文，胡万萍，谢芳芸. 城市老旧小区改造模式的探索与实践——基于成都、广州和上海的比较研究［J］. 城乡建设，2020（5）：54-57.

［13］ 田灵江. 老旧住宅小区改造调研与思考［J］. 住宅产业，2018（9）：27-33.

［14］ 武汉市武昌区人民政府. 相关数据［EB/OL］.（2020-01-17）［2020-10-08］. http://www.wuchang.gov.cn.

［15］ 赵蔚，赵民. 从居住区规划到社区规划［J］. 城市规划汇刊，2002（6）：68-71，80.

［16］ 邓智团. 空间正义、社区赋权与城市更新范式的社会形塑［J］. 城市发展研究，2015，22（8）：61-66.

［17］ 赵民. "社区营造"与城市规划的"社区指向"研究［J］. 规划师，2013，29（9）：5-10.

［18］ 许志坚，宋宝麒. 台北市"社区规划师制度"详解［J］. 上海城市管理职业技术学院学报，2003（2）：36-40.

［19］ 刘玉亭，何深静，魏立华. 英国的社区规划及其对中国的启示［J］. 规划师，2009，25（3）：85-89.

［20］ 郑童，吕斌，张纯. 基于模糊评价法的宜居社区评价研究［J］. 城市发展研究，2011，18（9）：118-124.

［21］ 朱晓峰. 生命周期方法论［J］. 科学学研究，2004，22（6）：6.

［22］ 尚少梅，王翠，侯罗娅. 全生命周期健康概念演变及应用［J］. 中国实用护理杂志，2021，37（25）：1921-1925.

［23］ 黄经南，杨石琳，周亚伦. 新加坡组屋定期维修翻新机制对我国老旧社区改造的启示［J］. 上海城市规划，2021（6）：120-125.

［24］ 黄经南，黄昕彤，李丹哲，等. 基于全生命周期理念的社区微改造模式探

索——以武汉市戈甲营为例［J］. 城市规划英文版（已录用，待出版）.

［25］ 潘龙涛. 公众参与下的社区规划研究［D］. 武汉：武汉轻工大学，2018.

［26］ 廖洁莹. 微更新理念下的老旧社区公共空间重构研究［D］. 武汉：武汉轻工大学，2018.

［27］ 彭丹. 武汉老旧社区更新改造功能提升设计研究［D］. 武汉：武汉轻工大学，2019.